中华人民共和国

标准设计施工总承包招标文件

（2012 年版）

《标准文件》编制组

中 国 计 划 出 版 社

2012 北 京

图书在版编目（CIP）数据

中国人民共和国标准设计施工总承包招标文件：2012年版/《标准文件》编制组编写．—北京：中国计划出版社，2012.4（2023.3重印）
ISBN 978-7-80242-723-5

Ⅰ.①中…　Ⅱ.①标…　Ⅲ.①建筑设计-招标-文件-中国-2012②建筑工程-工程施工-招标-文件-中国-2012　Ⅳ.TU723-65

中国版本图书馆CIP数据核字（2012）第034561号

中国人民共和国标准设计施工总承包招标文件（2012年版）
《标准文件》编制组

中国计划出版社出版发行
地址：北京市西城区木樨地北里甲11号国宏大厦C座3层
邮政编码：100038　电话：（010）63906433（发行部）
三河富华印刷包装有限公司印刷

880mm×1230mm　1/16　10.25印张　199千字
2012年4月第1版　2023年3月第2次印刷

ISBN 978-7-80242-723-5
定价：68.00元

国家发展和改革委员会、工业和信息化部、财政部、住房和城乡建设部、交通运输部、铁道部、水利部、国家广播电影电视总局、中国民用航空局关于印发简明标准施工招标文件和标准设计施工总承包招标文件的通知

发改法规〔2011〕3018 号

国务院各部门、各直属机构，各省、自治区、直辖市及计划单列市、副省级省会城市、新疆生产建设兵团发展改革委、工业和信息化主管部门、通信管理局、财政厅（局）、住房城乡建设厅（建委、局）、交通厅（局）、水利厅（局）、广播影视局，各铁路局、各铁路公司（筹备组），民航各地区管理局：

为落实中央关于建立工程建设领域突出问题专项治理长效机制的要求，进一步完善招标文件编制规则，提高招标文件编制质量，促进招标投标活动的公开、公平和公正，国家发展改革委会同工业和信息化部、财政部、住房和城乡建设部、交通运输部、铁道部、水利部、广电总局、中国民用航空局，编制了《简明标准施工招标文件》和《标准设计施工总承包招标文件》（以下如无特别说明，统一简称为《标准文件》）。现将《标准文件》印发你们，并就有关事项通知如下：

一、适用范围

依法必须进行招标的工程建设项目，工期不超过 12 个月、技术相对简单、且设计和施工不是由同一承包人承担的小型项目，其施工招标文件应当根据《简明标准施工招标文件》编制；设计施工一体化的总承包项目，其招标文件应当根据《标准设计施工总承包招标文件》编制。

工程建设项目，是指工程以及与工程建设有关的货物和服务。工程，是指建设工程，包括建筑物和构筑物的新建、改建、扩建及其相关的装修、拆除、修缮等。与工程建设有关的货物，是指构成工程不可分割的组成部分，且为实现工程基本功能所必需的设备、材料等。与工程建设有关的服务，是指为完成工程所需的勘察、设计、监理等。

二、应当不加修改地引用《标准文件》的内容

《标准文件》中的“投标人须知”（投标人须知前附表和其他附表除外）、“评标办法”（评标办法前附表除外）、“通用合同条款”，应当不加修改地引用。

三、行业主管部门可以作出的补充规定

国务院有关行业主管部门可根据本行业招标特点和管理需要，对《简明标准施工招标文件》中的“专用合同条款”、“工程量清单”、“图纸”、“技术标准和要求”，《标准设计施工总承包招标文件》中的“专用合同条款”、“发包人要求”、“发包人提供的资料和条件”作出具体规定。其中，“专用合同条款”可对“通用合同条款”进行补充、细化，但除“通用合同条款”明确规定可以作出不同约定外，“专用合同条款”补充和细化的内容不得与“通用合同条款”相抵触，否则抵触内容无效。

四、招标人可以补充、细化和修改的内容

“投标人须知前附表”用于进一步明确“投标人须知”正文中的未尽事宜，招标人或者招标代理机构应结合招标项目具体特点和实际需要编制和填写，但不得与“投标人须知”正文内容相抵触，否则抵触内容无效。

“评标办法前附表”用于明确评标的方法、因素、标准和程序。招标人应根据招标项目具体特点和实际需要，详细列明全部审查或评审因素、标准，没有列明的因素和标准不得作为资格审查或者评标的依据。

招标人或者招标代理机构可根据招标项目的具体特点和实际需要，在“专用合同条款”中对《标准文件》中的“通用合同条款”进行补充、细化和修改，但不得违反法律、行政法规的强制性规定，以及平等、自愿、公平和诚实信用原则，否则相关内容无效。

五、实施时间、解释及修改

《标准文件》自2012年5月1日起实施。因出现新情况，需要对《标准文件》不加修改地引用的内容作出解释或修改的，由国家发展改革委会同国务院有关部门作出解释或修改。该解释和修改与《标准文件》具有同等效力。

请各级人民政府有关部门认真组织好《标准文件》的贯彻落实，及时总结经验和发现问题。各地在实施《标准文件》中的经验和问题，向上级主管部门报告；国务院各部门汇总本部门的经验和问题，报国家发展改革委。

特此通知。

附件：一、《中华人民共和国简明标准施工招标文件》（2012年版）

二、《中华人民共和国标准设计施工总承包招标文件》（2012年版）

中华人民共和国国家发展和改革委员会

中华人民共和国工业和信息化部

中华人民共和国财政部

中华人民共和国住房和城乡建设部

中华人民共和国交通运输部

中华人民共和国铁道部

中华人民共和国水利部

国家广播电影电视总局

中国民用航空局

二〇一一年十二月二十日

使用说明

一、《标准设计施工总承包招标文件》适用于设计施工一体化的总承包招标。

二、《标准设计施工总承包招标文件》用相同序号标示的章、节、条、款、项、目，供招标人和投标人选择使用；以空格标示的由招标人填写的内容，招标人应根据招标项目具体特点和实际需要具体化，确实没有需要填写的，在空格中用“/”标示。

三、招标人按照《标准设计施工总承包招标文件》第一章的格式发布招标公告或发出投标邀请书后，将实际发布的招标公告或实际发出的投标邀请书编入出售的招标文件中，作为投标邀请。其中，招标公告应同时注明发布所在的所有媒介名称。

四、《标准设计施工总承包招标文件》第三章“评标办法”分别规定综合评估法和经评审的最低投标价法两种评标方法，供招标人根据招标项目具体特点和实际需要选择适用。招标人选择适用综合评估法的，各评审因素的评审标准、分值和权重等由招标人自主确定。国务院有关部门对各评审因素的评审标准、分值和权重等有规定的，从其规定。

第三章“评标办法”前附表应列明全部评审因素和评审标准，并在本章前附表标明投标人不满足要求即否决其投标的全部条款。

五、《标准设计施工总承包招标文件》第五章“发包人要求”由招标人根据行业标准设计施工总承包招标文件（如有)、招标项目具体特点和实际需要编制，并与“投标人须知”、“通用合同条款”、“专用合同条款”相衔接。

六、采用电子招标投标的，招标人应按照国家有关规定，结合项目具体情况，在招标文件中载明相应要求。

七、《标准设计施工总承包招标文件》为2012年版，将根据实际执行过程中出现的问题及时进行修改。各使用单位或个人对《标准设计施工总承包招标文件》的修改意见和建议，可向编制工作小组反映。

联系电话：（010）68502510

______________（项目名称）设计施工总承包招标

招　标　文　件

招标人：____________（盖单位章）

_____年_____月_____日

目　　录

第　一　卷

第　二　卷

第　三　卷

第　一　卷

第一章　招标公告（未进行资格预审）

______________（项目名称）设计施工总承包招标公告

1. 招标条件

本招标项目________________（项目名称）已由______________（项目审批、核准或备案机关名称）以________________（批文名称及编号）批准建设，项目业主为____________，建设资金来自__________________（资金来源），项目出资比例为__________，招标人为______________。项目已具备招标条件，现对该项目的设计施工总承包进行公开招标。

2. 项目概况与招标范围

_______________（说明本次招标项目的建设地点、规模、计划工期、招标范围等）。

3. 投标人资格要求

3.1　本次招标要求投标人须具备_________资质，___________业绩，并在人员、设备、资金等方面具有相应的设计、施工能力。

3.2　本次招标_______（接受或不接受）联合体投标。联合体投标的，应满足下列要求：_____________________________。

4. 招标文件的获取

4.1　凡有意参加投标者，请于_____年_____月_____日至_____年_____月_____日，每日上午_____时至_____时，下午_____时至_____时（北京时间，下同），在________________________（详细地址）持单位介绍信购买招标文件。

4.2　招标文件每套售价_______元，售后不退。技术资料押金_______元，在退还技术资料时退还（不计利息）。

4.3　邮购招标文件的，需另加手续费（含邮费）_______元。招标人在收到单位介绍信和邮购款（含手续费）后_______日内寄送。

5. 投标文件的递交

5.1 投标文件递交的截止时间（投标截止时间，下同）为________年________月________日________时________分，地点为___________。

5.2 逾期送达的或者未送达指定地点的投标文件，招标人不予受理。

6. 发布公告的媒介

本次招标公告同时在___________（发布公告的媒介名称）上发布。

7. 联系方式

招 标 人：________________________	招标代理机构：____________________
地 址：________________________	地 址：________________________
邮 编：________________________	邮 编：________________________
联 系 人：________________________	联 系 人：________________________
电 话：________________________	电 话：________________________
传 真：________________________	传 真：________________________
电子邮件：________________________	电子邮件：________________________
网 址：________________________	网 址：________________________
开户银行：________________________	开户银行：________________________
账 号：________________________	账 号：________________________

_____年_____月_____日

第一章　投标邀请书（适用于邀请招标）

____________（项目名称）设计施工总承包投标邀请书

____________（被邀请单位名称）：

1. 招标条件

本招标项目________________（项目名称）已由_______________（项目审批、核准或备案机关名称）以________________（批文名称及编号）批准建设，项目业主为__________，建设资金来自_________（资金来源），出资比例为_________，招标人为__________。项目已具备招标条件，现邀请你单位参加________________（项目名称）设计施工总承包投标。

2. 项目概况与招标范围

_____________（说明本次招标项目的建设地点、规模、计划工期、招标范围等）。

3. 投标人资格要求

3.1　本次招标要求投标人具备_______资质，_________业绩，并在人员、设备、资金等方面具有承担本项目设计、施工的能力。

3.2　被邀请单位_______（可以或不可以）组成联合体投标。联合体投标的，应满足下列要求：____________________________。

4. 招标文件的获取

4.1　请于_____年_______月_______日至_______年_______月_______日，每天上午_______时至________时，下午________时至________时（北京时间，下同），在________________（详细地址）持投标邀请书购买招标文件。

4.2　招标文件每套售价_______元，售后不退。技术资料押金_______元，在退还技术资料时退还（不计利息）。

4.3　邮购招标文件的，需另加手续费（含邮费）_______元。招标人在收到邮购款和技术资料押金（含手续费）后_______日内寄送。

5. 投标文件的递交

5.1　投标文件递交的截止时间（投标截止时间，下同）为________年________月________日________时________分，地点为____________________。

5.2　逾期送达的或者未送达指定地点的投标文件，招标人不予受理。

6. 确认

你单位收到本邀请书后，请于__________（具体时间）前以传真或快递方式予以确认是否参加投标。

7. 联系方式

招 标 人：________________________	招标代理机构：____________________
地　　址：________________________	地　　址：________________________
邮　　编：________________________	邮　　编：________________________
联 系 人：________________________	联 系 人：________________________
电　　话：________________________	电　　话：________________________
传　　真：________________________	传　　真：________________________
电子邮件：________________________	电子邮件：________________________
网　　址：________________________	网　　址：________________________
开户银行：________________________	开户银行：________________________
账　　号：________________________	账　　号：________________________

_____年_____月_____日

第一章　投标邀请书（代资格预审通过通知书）

____________（项目名称）设计施工总承包投标邀请书

____________（被邀请单位名称）：

你单位已通过资格预审，现邀请你单位按招标文件规定的内容，参加________（项目名称）设计施工总承包投标。

请你单位于________年________月________日至________年________月________日，每天上午______时至________时，下午________时至________时（北京时间，下同），在____________（详细地址）持本投标邀请书购买招标文件。

招标文件每套售价为________元，售后不退。技术资料押金________元，在退还技术资料时退还（不计利息）。邮购招标文件的，需另加手续费（含邮费）________元。招标人在收到邮购款和技术资料押金（含手续费）后________日内寄送。

递交投标文件的截止时间（投标截止时间，下同）为________年________月________日________时________分，地点为______________。

逾期送达的或者未送达指定地点的投标文件，招标人不予受理。

你单位收到本邀请书后，请于____（具体时间）前以传真或快递方式予以确认是否参加投标。

招 标 人：________________________	招标代理机构：____________________
地　　址：________________________	地　　址：________________________
邮　　编：________________________	邮　　编：________________________
联 系 人：________________________	联 系 人：________________________
电　　话：________________________	电　　话：________________________
传　　真：________________________	传　　真：________________________
电子邮件：________________________	电子邮件：________________________
网　　址：________________________	网　　址：________________________
开户银行：________________________	开户银行：________________________
账　　号：________________________	账　　号：________________________

_____年_____月_____日

附件：确认通知

确 认 通 知

____________（招标人名称）：

我方已于________年________月________日收到你方________年________月________日发出的______________（项目名称）关于______________________的通知，并确认________（参加/不参加）投标。

特此确认。

被邀请单位名称：____________（盖单位章）

法 定 代 表 人：________________（签字）

_____年_____月_____日

第二章　投标人须知

投标人须知前附表

条款号	条 款 名 称	编 列 内 容
1.1.2	招标人	名称： 地址： 联系人： 电话：
1.1.3	招标代理机构	名称： 地址： 联系人： 电话：
1.1.4	项目名称	
1.1.5	建设地点	
1.2.1	资金来源及比例	
1.2.2	资金落实情况	
1.3.1	招标范围	
1.3.2	计划工期	计划工期：________日历天 计划开始工作日期：____年____月____日 计划竣工日期：____年____月____日
1.3.3	质量标准	设计要求的质量标准： 施工要求的质量标准：
1.4.1	投标人资质条件、能力和信誉	资质条件： 财务要求： 设计业绩要求： 施工业绩要求： 信誉要求： 项目经理的资格要求： 设计负责人的资格要求： 施工负责人的资格要求： 施工机械设备：

续表

条款号	条 款 名 称	编 列 内 容
1.4.1	投标人资质条件、能力和信誉	项目管理机构及人员： 其他要求：
1.4.2	是否接受联合体投标	□不接受 □接受，应满足下列要求：
1.5	费用承担和设计成果补偿	□不补偿 □补偿，补偿标准：
1.9.1	踏勘	□不组织： □组织，踏勘时间： 踏勘集中地点：
1.10.1	投标预备会	□不召开 □召开，召开时间： 召开地点：
1.10.2	投标人提出问题的截止时间	
1.10.3	招标人书面澄清的时间	
1.11.1	招标人规定由分包人承担的工作	
1.11.2	投标人拟分包的工作	□不允许 □允许，分包内容要求： 分包金额要求： 对分包人的资质要求：
1.12	偏离	□不允许 □允许，允许偏离的内容、偏离范围和幅度：
2.1	构成招标文件的其他资料	
2.2.1	投标人要求澄清招标文件的截止时间	
2.2.2	投标截止时间	
2.2.3	投标人确认收到招标文件澄清的时间	
2.3.2	投标人确认收到招标文件修改的时间	
3.1.1	构成投标文件的其他资料	
3.2.4	最高投标限价或其计算方法	

续表

条款号	条 款 名 称	编 列 内 容
3.2.5	投标报价的其他要求	
3.3.1	投标有效期	
3.4.1	投标保证金	投标保证金的形式： 投标保证金的金额：
3.5.2	近年财务状况	______年______月______日至______年______月______日
3.5.3	近年完成的类似项目	______年______月______日至______年______月______日
3.5.5	近年发生的重大诉讼及仲裁情况	______年______月______日至______年______月______日
3.6	是否允许递交备选投标方案	□不允许 □允许
3.7.3	签字或盖章要求	
3.7.4	投标文件副本份数	__________份
3.7.5	装订要求	
4.1.2	封套上应载明的信息	招标人的地址： 招标人名称： ________（项目名称）投标文件 在______年______月______日______时前不得开启
4.2.2	递交投标文件地点	
4.2.3	是否退还投标文件	□否 □是
5.1	开标时间和地点	开标时间：同投标截止时间 开标地点：
5.2	开标程序	密封情况检查： 开标顺序：

续表

条款号	条 款 名 称	编 列 内 容
6.1.1	评标委员会的组建	评标委员会构成：______人 其中招标人代表______人，专家______人； 评标专家确定方式：
7.1	是否授权评标委员会确定中标人	□是 □否，推荐的中标候选人数：
7.2	中标候选人公示媒介	
7.4.1	履约担保	履约担保的形式： 履约担保的金额：
9	**需要补充的其他内容**	
10	电子招标投标	□否 □是，具体要求：
……	……	

1. 总则

1.1 项目概况

1.1.1 根据《中华人民共和国招标投标法》等有关法律、法规和规章的规定，本招标项目已具备招标条件，现对该项目设计施工进行总承包招标。

1.1.2 招标人：见投标人须知前附表。

1.1.3 招标代理机构：见投标人须知前附表。

1.1.4 招标项目名称：见投标人须知前附表。

1.1.5 项目建设地点：见投标人须知前附表。

1.2 项目的资金来源和落实情况

1.2.1 资金来源及比例：见投标人须知前附表。

1.2.2 资金落实情况：见投标人须知前附表。

1.3 招标范围、计划工期和质量标准

1.3.1 招标范围：见投标人须知前附表。

1.3.2 计划工期：见投标人须知前附表。

1.3.3 质量标准：见投标人须知前附表。

1.4 投标人资格要求（适用于已进行资格预审的）

投标人应是收到招标人发出投标邀请书的单位。

1.4 投标人资格要求（适用于未进行资格预审的）

1.4.1 投标人应具备承担本招标项目资质条件、能力和信誉。

（1）资质要求：见投标人须知前附表；

（2）财务要求：见投标人须知前附表；

（3）业绩要求：见投标人须知前附表；

（4）信誉要求：见投标人须知前附表；

（5）项目经理的资格要求：应当具备工程设计类或者工程施工类注册执业资格，具体要求见投标人须知前附表；

（6）设计负责人的资格要求：应当具备工程设计类注册执业资格，具体要求见投标人须知前附表；

（7）施工负责人的资格要求：应当具备工程施工类注册执业资格，具体要求见投标人须知前附表；

（8）施工机械设备：见投标人须知前附表；

（9）项目管理机构及人员：见投标人须知前附表；

（10）其他要求：见投标人须知前附表。

1.4.2 投标人须知前附表规定接受联合体投标的，除应符合本章第 1.4.1 项和投标人须知前附表的要求外，还应遵守以下规定：

（1）联合体各方应按招标文件提供的格式签订联合体协议书，明确联合体牵头人和各方权利义务；

（2）由同一专业的单位组成的联合体，按照资质等级较低的单位确定资质等级；

（3）联合体各方不得再以自己名义单独或参加其他联合体在本招标项目中投标。

1.4.3 投标人不得存在下列情形之一：

（1）为招标人不具有独立法人资格的附属机构（单位）；

（2）为招标项目前期工作提供咨询服务的；

（3）为本招标项目的监理人；

（4）为本招标项目的代建人；

（5）为本招标项目提供招标代理服务的；

（6）被责令停业的；

（7）被暂停或取消投标资格的；

（8）财产被接管或冻结的；

（9）在最近三年内有骗取中标或严重违约或重大工程质量问题的；

（10）与本招标项目的监理人或代建人或招标代理机构同为一个法定代表人的；

（11）与本招标项目的监理人或代建人或招标代理机构相互控股或参股的；

（12）与本招标项目的监理人或代建人或招标代理机构相互任职或工作的。

1.4.4 单位负责人为同一人或者存在控股、管理关系的不同单位，不得同时参加本招标项目投标。

1.5 费用承担和设计成果补偿

1.5.1 投标人准备和参加投标活动发生的费用自理。

1.5.2 招标人对符合招标文件规定的未中标人的设计成果进行补偿的，按投标人须知前附表规定给予补偿，并有权免费使用未中标人设计成果。

1.6 保密

参与招标投标活动的各方应对招标文件和投标文件中的商业和技术等秘密保密，否则应承担相应的法律责任。

1.7 语言文字

招标投标文件使用的语言文字为中文。专用术语使用外文的，应附有中文注释。

1.8 计量单位

所有计量均采用中华人民共和国法定计量单位。

1.9 踏勘现场

1.9.1 投标人须知前附表规定组织踏勘现场的，招标人按投标人须知前附表规定的时间、地点组织投标人踏勘项目现场。

1.9.2 投标人踏勘现场发生的费用自理。

1.9.3 除招标人的原因外，投标人自行负责在踏勘现场中所发生的人员伤亡和财产损失。

1.9.4 招标人在踏勘现场中介绍的工程场地和相关的周边环境情况，供投标人在编制投标文件时参考，招标人不对投标人据此作出的判断和决策负责。

1.10 投标预备会

1.10.1 投标人须知前附表规定召开投标预备会的，招标人按投标人须知前附表规定的时间和地点召开投标预备会，澄清投标人提出的问题。

1.10.2 投标人应在投标人须知前附表规定的时间前，以书面形式将提出的问题送达招标人，以便招标人在会议期间澄清。

1.10.3 投标预备会后，招标人在投标人须知前附表规定的时间内，将对投标人所提问题的澄清，以书面形式通知所有购买招标文件的投标人。该澄清内容为招标文件的组成部分。

1.11 分包

1.11.1 投标人须知前附表规定应当由分包人实施的非主体、非关键性工作，投标人应当按照第五章“发包人要求”的规定提供分包人候选名单及其相应资料。

1.11.2 投标人拟在中标后将中标项目的部分非主体、非关键性工作进行分包的，应符合投标人须知前附表规定的分包内容、分包金额和资质要求等限制性条件。

1.12 偏离

投标人须知前附表允许投标文件偏离招标文件某些要求的，偏离应当符合招标文件规定的偏离范围和幅度。

2. 招标文件

2.1 招标文件的组成

本招标文件包括：

（1）招标公告（或投标邀请书）；

（2）投标人须知；

（3）评标办法；

（4）合同条款及格式；

（5）发包人要求；

（6）发包人提供的资料和条件；

（7）投标文件格式；

（8）投标人须知前附表规定的其他资料。

根据本章第1.10款、第2.2款和第2.3款对招标文件所作的澄清、修改，构成招标文件的组成部分。

2.2 招标文件的澄清

2.2.1 投标人应仔细阅读和检查招标文件的全部内容。如发现缺页或附件不全，应及时向招标人提出，以便补齐。如有疑问，应在投标人须知前附表规定的时间前以书面形式（包括信函、电报、传真等可以有形地表现所载内容的形式，下同），要求招标人对招标文件予以澄清。

2.2.2 招标文件的澄清以书面形式发给所有购买招标文件的投标人，但不指明澄清问题的来源。澄清发出的时间距投标人须知前附表规定的投标截止时间不足15天的，并且澄清内容影响投标文件编制的，将相应延长投标截止时间。

2.2.3 投标人在收到澄清后，应在投标人须知前附表规定的时间内以书面形式通知招标人，确认已收到该澄清。

2.3 招标文件的修改

2.3.1 招标人可以书面形式修改招标文件，并通知所有已购买招标文件的投标人。修改招标文件的时间距投标人须知前附表规定的投标截止时间不足15天的，并且澄清内容影响投标文件编制的，将相应延长投标截止时间。

2.3.2 投标人收到修改内容后，应在投标人须知前附表规定的时间内以书面形式通知招标人，确认已收到该修改。

3. 投标文件

3.1 投标文件的组成

3.1.1 投标文件应包括下列内容：

（1）投标函及投标函附录；

（2）法定代表人身份证明或附有法定代表人身份证明的授权委托书；

（3）联合体协议书；

（4）投标保证金；

（5）价格清单；

（6）承包人建议书；

（7）承包人实施计划；

（8）资格审查资料；

（9）投标人须知前附表规定的其他资料。

3.1.2 投标人须知前附表规定不接受联合体投标的，或投标人没有组成联合体的，投标文件不包括本章第3.1.1（3）目所指的联合体协议书。

3.2 投标报价

3.2.1 投标人应按第七章“投标文件格式”的要求填写价格清单。

3.2.2 投标人应充分了解施工场地的位置、周边环境、道路、装卸、保管、安装限制以及影响投标报价的其他要素。投标人根据投标设计，结合市场情况进行投标报价。

3.2.3 投标人在投标截止时间前修改投标函中的投标报价总额，应同时修改投标文件“价格清单”中的相应报价，投标报价总额为各分项金额之和。此修改须符合本章第4.3款的有关要求。

3.2.4 招标人设有最高投标限价的，投标人的投标报价不得超过最高投标限价，最高投标限价或其计算方法在投标人须知前附表中载明。

3.2.5 投标报价的其他要求见投标人须知前附表。

3.3 投标有效期

3.3.1 除投标人须知前附表另有规定外，投标有效期为120天。

3.3.2 在投标有效期内，投标人撤销或修改其投标文件的，应承担招标文件和法律规定的责任。

3.3.3 出现特殊情况需要延长投标有效期的，招标人以书面形式通知所有投标人延长投标有效期。投标人同意延长的，应相应延长其投标保证金的有效期，但不得要求或被允许修改或撤销其投标文件；投标人拒绝延长的，其投标失效，但投标人有权收回其投标保证金。

3.4 投标保证金

3.4.1 投标人在递交投标文件的同时，应按投标人须知前附表规定的金额、担保形式和第七章“投标文件格式”规定的投标保证金格式递交投标保证金，并作为其投标文件的组成部分。联合体投标的，其投标保证金由牵头人递交，并应符合投标人须知前附表的规定。

3.4.2 投标人不按本章第3.4.1项要求提交投标保证金的，评标委员会将否决其投标。

3.4.3 招标人与中标人签订合同后5日内，向未中标的投标人和中标人退还投标保证金及同期银行存款利息。

3.4.4 有下列情形之一的，投标保证金将不予退还：

（1）投标人在规定的投标有效期内撤销或修改其投标文件；

（2）中标人在收到中标通知书后，无正当理由拒签合同或未按招标文件规定提交履约担保。

3.5 资格审查资料（适用于已进行资格预审的）

投标人在递交投标文件前，发生可能影响其投标资格的新情况的，应更新或补充其在申请资格预审时提供的资料，以证实其各项资格条件仍能继续满足资格预审文件的要求，且没有实质性降低。

3.5 资格审查资料（适用于未进行资格预审的）

3.5.1 “投标人基本情况表”应附投标人营业执照及其年检合格的证明材料、资质证书副本等材料的复印件。

3.5.2 “近年财务状况表”应附经会计师事务所或审计机构审计的财务会计报表，包括资产负债表、现金流量表、利润表和财务情况说明书等复印件，具体年份要求见投标人须知前附表。

3.5.3 “近年完成的类似设计施工总承包项目情况表”应附中标通知书和（或）合同协议书、工程接收证书（工程竣工验收证书）复印件；或“近年完成的类似工程设计项目情况表”应附中标通知书和（或）合同协议书、发包人出具的证明文件；“近年完成的类似施工项目情况表”应附中标通知书和（或）合同协议书、工程接收证书（工程竣工验收证书）复印件。具体年份要求见投标人须知前附表，每张表格只填写一个项目，并标明序号。

3.5.4 “正在实施和新承接的项目情况表”应附中标通知书和（或）合同协议书复印件。每张表格只填写一个项目，并标明序号。

3.5.5 “近年发生的重大诉讼及仲裁情况”应说明相关情况，并附法院或仲裁机构作出的判决、裁决等有关法律文书复印件，具体年份要求见投标人须知前附表。

3.5.6 投标人须知前附表规定接受联合体投标的，本章第3.5.1项至第3.5.5项规定的表格和资料应包括联合体各方相关情况。

3.6 备选投标方案

除投标人须知前附表另有规定外，投标人不得递交备选投标方案。允许投标人递交备选投标方案的，只有中标人所递交的备选投标方案方可予以考虑。评标委员会认为中标人的备选投标方案优于其按照招标文件要求编制的投标方案的，招标人可以接受该备选投标方案。

3.7 投标文件的编制

3.7.1 投标文件应按第七章“投标文件格式”进行编写，如有必要，可以增加附页，作为投标文件的组成部分。其中，投标函附录在满足招标文件实质性要求的基础上，可以提出比招标文件要求更有利于招标人的承诺。

3.7.2　投标文件应当对招标文件有关招标范围、投标有效期、工期、质量标准、发包人要求等实质性内容作出响应。

3.7.3　投标文件应用不褪色的材料书写或打印，并由投标人的法定代表人或其授权的代理人签字或盖单位章。投标人的法定代表人授权代理人签字的，投标文件应附由法定代表人签署的授权委托书。投标文件应尽量避免涂改、行间插字或删除。如果出现上述情况，改动之处应加盖单位章或由投标人的法定代表人或其授权的代理人签字确认。签字或盖章的具体要求见投标人须知前附表。

3.7.4　投标文件正本一份，副本份数见投标人须知前附表。正本和副本的封面上应清楚地标记“正本”或“副本”的字样。当副本和正本不一致时，以正本为准。

3.7.5　投标文件的正本与副本应分别装订成册，具体装订要求见投标人须知前附表规定。

4. 投标

4.1　投标文件的密封和标记

4.1.1　投标文件应进行包装、加贴封条，并在封套的封口处加盖投标人单位章。

4.1.2　投标文件封套上应写明的内容见投标人须知前附表。

4.1.3　未按本章第4.1.1项或第4.1.2项要求密封和加写标记的投标文件，招标人不予受理。

4.2　投标文件的递交

4.2.1　投标人应在第2.2.2项规定的投标截止时间前递交投标文件。

4.2.2　投标人递交投标文件的地点：见投标人须知前附表。

4.2.3　除投标人须知前附表另有规定外，投标人所递交的投标文件不予退还。

4.2.4　招标人收到投标文件后，向投标人出具签收凭证。

4.2.5　逾期送达的或者未送达指定地点的投标文件，招标人不予受理。

4.3　投标文件的修改与撤回

4.3.1　在本章第2.2.2项规定的投标截止时间前，投标人可以修改或撤回已递交的投标文件，但应以书面形式通知招标人。

4.3.2　投标人修改或撤回已递交投标文件的书面通知应按照本章第3.7.3项的要求签字或盖章。招标人收到书面通知后，向投标人出具签收凭证。

4.3.3　投标人撤回投标文件的，招标人自收到投标人书面撤回通知之日起5日内退还已收取的投标保证金。

4.3.4　修改的内容为投标文件的组成部分。修改的投标文件应按照本章第3条、第4

条规定进行编制、密封、标记和递交，并标明“修改”字样。

5. 开标

5.1 开标时间和地点

招标人在本章第2.2.2项规定的投标截止时间（开标时间）和投标人须知前附表规定的地点公开开标，并邀请所有投标人的法定代表人或其委托代理人准时参加。

5.2 开标程序

主持人按下列程序进行开标：

（1）宣布开标纪律；

（2）公布在投标截止时间前递交投标文件的投标人名称，并点名确认投标人是否派人到场；

（3）宣布开标人、唱标人、记录人、监标人等有关人员姓名；

（4）按照投标人须知前附表规定检查投标文件的密封情况；

（5）按照投标人须知前附表的规定确定并宣布投标文件开标顺序；

（6）设有标底的，公布标底；

（7）按照宣布的开标顺序当众开标，公布投标人名称、项目名称、投标保证金的递交情况、投标报价、质量目标、工期及其他内容，并记录在案；

（8）规定最高投标限价计算方法的，计算并公布最高投标限价；

（9）投标人代表、招标人代表、监标人、记录人等有关人员在开标记录上签字确认；

（10）开标结束。

5.3 开标异议

投标人对开标有异议的，应当在开标现场提出，招标人当场作出答复，并制作记录。

6. 评标

6.1 评标委员会

6.1.1 评标由招标人依法组建的评标委员会负责。评标委员会由招标人或其委托的招标代理机构熟悉相关业务的代表，以及有关技术、经济等方面的专家组成。评标委员会成员人数以及技术、经济等方面专家的确定方式见投标人须知前附表。

6.1.2 评标委员会成员有下列情形之一的，应当回避：

（1）投标人或投标人主要负责人的近亲属；

（2）项目主管部门或者行政监督部门的人员；

（3）与投标人有经济利益关系，可能影响对投标公正评审；

（4）曾因在招标、评标以及其他与招标投标有关活动中从事违法行为而受过行政处罚或刑事处罚；

（5）与投标人有其他利害关系。

6.2 评标原则

评标活动遵循公平、公正、科学和择优的原则。

6.3 评标

评标委员会按照第三章“评标办法”规定的方法、评审因素、标准和程序对投标文件进行评审。第三章“评标办法”没有规定的方法、评审因素和标准，不作为评标依据。

7. 合同授予

7.1 定标方式

除投标人须知前附表规定评标委员会直接确定中标人外，招标人依据评标委员会推荐的中标候选人确定中标人，评标委员会推荐中标候选人的人数见投标人须知前附表。

7.2 中标候选人公示

招标人在投标人须知前附表规定的媒介公示中标候选人。

7.3 中标通知

在本章第3.3款规定的投标有效期内，招标人以书面形式向中标人发出中标通知书，同时将中标结果通知未中标的投标人。中标通知书按本章附表格式填写。

7.4 履约担保

7.4.1 在签订合同前，中标人应按投标人须知前附表规定的担保形式和招标文件第四章“合同条款及格式”规定的或者事先经过招标人书面认可的履约担保格式向招标人提交履约担保。除投标人须知前附表另有规定外，履约担保金额为中标合同金额的10%。联合体中标的，其履约担保由联合体各方或者联合体中牵头人的名义提交。

7.4.2 中标人不能按本章第7.4.1项要求提交履约担保的，视为放弃中标，其投标保证金不予退还，给招标人造成的损失超过投标保证金数额的，中标人还应当对超过部分予以赔偿。

7.5 签订合同

7.5.1 招标人和中标人应当自中标通知书发出之日起30天内，根据招标文件和中标人的投标文件订立书面合同。中标人无正当理由拒签合同的，招标人取消其中标资格，其投标保证金不予退还；给招标人造成的损失超过投标保证金数额的，中标人还应当对超过部分予以赔偿。

7.5.2 发出中标通知书后，招标人无正当理由拒签合同的，招标人向中标人退还投标保证金；给中标人造成损失的，还应当赔偿损失。

8. 纪律和监督

8.1 对招标人的纪律要求

招标人不得泄露招标投标活动中应当保密的情况和资料，不得与投标人串通损害国家利益、社会公共利益或者他人合法权益。

8.2 对投标人的纪律要求

投标人不得相互串通投标或者与招标人串通投标，不得向招标人或者评标委员会成员行贿谋取中标，不得以他人名义投标或者以其他方式弄虚作假骗取中标；投标人不得以任何方式干扰、影响评标工作。

8.3 对评标委员会成员的纪律要求

评标委员会成员不得收受他人的财物或者其他好处，不得向他人透露对投标文件的评审和比较、中标候选人的推荐情况以及评标有关的其他情况。在评标活动中，评标委员会成员应当客观、公正地履行职责，遵守职业道德，不得擅离职守，影响评标程序正常进行，不得使用第三章“评标办法”没有规定的评审因素和标准进行评标。

8.4 对与评标活动有关的工作人员的纪律要求

与评标活动有关的工作人员不得收受他人的财物或者其他好处，不得向他人透露对投标文件的评审和比较、中标候选人的推荐情况以及评标有关的其他情况。在评标活动中，与评标活动有关的工作人员不得擅离职守，影响评标程序正常进行。

8.5 投诉

投标人和其他利害关系人认为本次招标活动违反法律、法规和规章规定的，有权向有关行政监督部门投诉。

9. 需要补充的其他内容

需要补充的其他内容：见投标人须知前附表。

10. 电子招标投标

采用电子招标投标，对投标文件的编制、密封和标记、递交、开标、评标等具体要求，见投标人须知前附表。

附件一：开标记录表

____________（项目名称）设计施工总承包招标开标记录表

开标时间：_____年_____月_____日_____时_____分

序号	投标人	密封情况	投标保证金	投标报价（万元）	设计质量标准	施工质量标准	工期	备注	签名
招标人编制的标底/最高限价									

招标人代表：__________ 记录人：__________ 监标人：__________

_____年_____月_____日

附件二：问题澄清通知

问题澄清通知

编号：

__________（投标人名称）：

__________（项目名称）设计施工总承包招标的评标委员会，对你方的投标文件进行了仔细的审查，现需你方对下列问题以书面形式予以澄清：

1.

2.

……

请将上述问题的澄清于_____年_____月_____日_____时前递交至__________（详细地址）或传真至_______（传真号码）。采用传真方式的，应在_____年_____月_____日_____时前将原件递交至__________（详细地址）。

评标委员会授权的招标人或招标代理机构：_________（签字或盖章）

_____年_____月_____日

附件三：问题的澄清

问题的澄清

编号：

__________________（项目名称）设计施工总承包招标评标委员会：

问题澄清通知（编号：________）已收悉，现澄清如下：

1.

2.

……

投标人：____________________________（盖单位章）

法定代表人或其委托代理人：______________（签字）

_____年_____月_____日

附件四：中标通知书

中标通知书

__________________（中标人名称）：

你方于________（投标日期）所递交的______________（项目名称）设计施工总承包招标的投标文件已被我方接受，被确定为中标人。

中标价：_________________元。

工期：______日历天。

质量标准：_____________________。

项目经理：_________________（姓名）。

设计负责人：_______________（姓名）。

施工负责人：_______________（姓名）。

请你方在接到本通知书后的____日内到______________________（指定地点）与我方签订设计施工总承包合同，在此之前按招标文件第二章“投标人须知”第7.4款规定向我方提交履约担保。

随附的澄清、说明、补正事项纪要，是本中标通知书的组成部分。

特此通知。

附：澄清、说明、补正事项纪要

招标人：__________________（盖单位章）

法定代表人：__________________（签字）

_____年_____月_____日

附件五：中标结果通知书

中标结果通知书

__________________（未中标人名称）：

我方已接受____________________（中标人名称）于_______________________（投标日期）所递交的_______________（项目名称）设计施工总承包招标的投标文件，确定____________（中标人名称）为中标人。

感谢你单位对我们工作的大力支持！

招标人：__________________（盖单位章）

法定代表人：__________________（签字）

_____年_____月_____日

附件六：确认通知

确 认 通 知

__________（招标人名称）：

你方于_____年_____月_____日发出的__________（项目名称）关于__________
__________的通知，我方已于_____年_____月_____日收到。

特此确认。

投标人：________________________（盖单位章）

_____年_____月_____日

第三章　评标办法（综合评估法）

评标办法前附表

条款号		评 审 因 素	评 审 标 准
2.1.1	形式评审标准	投标人名称	与营业执照、资质证书一致
		投标函签字盖章	有法定代表人或其委托代理人签字或加盖单位章
		投标文件格式	符合第七章“投标文件格式”的要求
		联合体投标人	提交联合体协议书，并明确联合体牵头人
		报价唯一	只能有一个有效报价
		……	……
2.1.2	资格评审标准	营业执照	具备有效的营业执照
		资质等级	符合第二章“投标人须知”第1.4.1项规定
		财务状况	符合第二章“投标人须知”第1.4.1项规定
		类似项目业绩	符合第二章“投标人须知”第1.4.1项规定
		信誉	符合第二章“投标人须知”第1.4.1项规定
		项目经理	符合第二章“投标人须知”第1.4.1项规定
		设计负责人	符合第二章“投标人须知”第1.4.1项规定
		施工负责人	符合第二章“投标人须知”第1.4.1项规定
		施工机械设备	符合第二章“投标人须知”第1.4.1项规定
		项目管理机构及人员	符合第二章“投标人须知”第1.4.1项规定
		其他要求	符合第二章“投标人须知”第1.4.1项规定
		联合体投标人	符合第二章“投标人须知”第1.4.2项规定
		……	……
2.1.3	响应性评审标准	投标报价	符合第二章“投标人须知”第3.2.4项规定
		投标内容	符合第二章“投标人须知”第1.3.1项规定
		工期	符合第二章“投标人须知”第1.3.2项规定

续表

<table>
<tr><th colspan="2">条款号</th><th>评 审 因 素</th><th>评 审 标 准</th></tr>
<tr><td rowspan="6">2.1.3</td><td rowspan="6">响应性评审标准</td><td>质量标准</td><td>符合第二章“投标人须知”第1.3.3项规定</td></tr>
<tr><td>投标有效期</td><td>符合第二章“投标人须知”第3.3.1项规定</td></tr>
<tr><td>投标保证金</td><td>符合第二章“投标人须知”第3.4款规定</td></tr>
<tr><td>权利义务</td><td>符合第四章“合同条款及格式”规定的权利义务</td></tr>
<tr><td>承包人建议</td><td>符合第五章“发包人要求”的规定</td></tr>
<tr><td>……</td><td>……</td></tr>
<tr><th colspan="2">条款号</th><th>条款内容</th><th>编列内容</th></tr>
<tr><td colspan="2">2.2.1</td><td>分值构成
（总分100分）</td><td>承包人建议书：__________分
资信业绩部分：__________分
承包人实施方案：________分
投标报价：______________分
其他评分因素：__________分</td></tr>
<tr><td colspan="2">2.2.2</td><td>评标基准价计算方法</td><td></td></tr>
<tr><td colspan="2">2.2.3</td><td>投标报价的偏差率
计算公式</td><td>偏差率 = 100% ×（投标人报价 − 评标基准价）/评标基准价</td></tr>
<tr><th colspan="2">条款号</th><th>评分因素（偏差率）</th><th>评分标准</th></tr>
<tr><td rowspan="4">2.2.4
（1）</td><td rowspan="4">承包人建议书评分标准</td><td>图纸</td><td>……</td></tr>
<tr><td>工程详细说明</td><td>……</td></tr>
<tr><td>设备方案</td><td>……</td></tr>
<tr><td>……</td><td>……</td></tr>
<tr><td rowspan="7">2.2.4
（2）</td><td rowspan="7">资信业绩评分标准</td><td>信誉</td><td>……</td></tr>
<tr><td>类似项目业绩</td><td></td></tr>
<tr><td>项目经理业绩</td><td>……</td></tr>
<tr><td>设计负责人业绩</td><td>……</td></tr>
<tr><td>施工负责人业绩</td><td>……</td></tr>
<tr><td>其他主要人员业绩</td><td>……</td></tr>
<tr><td>……</td><td>……</td></tr>
</table>

续表

条款号		评 审 因 素	评 审 标 准
2.2.4（3）	承包人实施方案评分标准	总体实施方案	……
		项目实施要点	……
		项目管理要点	……
		……	……
2.2.4（4）	投标报价评分标准	偏差率	……
		……	……
2.2.4（5）	其他因素评分标准	……	……
3.2.1	设计部分评审	……	……

1. 评标方法

本次评标采用综合评估法。评标委员会对满足招标文件实质性要求的投标文件，按照本章第2.2款规定的评分标准进行打分，并按得分由高到低顺序推荐中标候选人，或根据招标人授权直接确定中标人，但投标报价低于其成本的除外。综合评分相等时，以投标报价低的优先；投标报价也相等的，由招标人或者经招标人授权评标委员会自行确定。

2. 评审标准

2.1 初步评审标准

2.1.1 形式评审标准：见评标办法前附表。

2.1.2 资格评审标准：见评标办法前附表。

2.1.3 响应性评审标准：见评标办法前附表。

2.2 分值构成与评分标准

2.2.1 分值构成

（1）承包人建议书：见评标办法前附表；

（2）资信业绩部分：见评标办法前附表；

（3）承包人实施方案：见评标办法前附表；

（4）投标报价：见评标办法前附表；

（5）其他评分因素：见评标办法前附表。

2.2.2 评标基准价计算

评标基准价计算方法：见评标办法前附表。

2.2.3 投标报价的偏差率计算

投标报价的偏差率计算公式：见评标办法前附表。

2.2.4 评分标准

（1）承包人建议书评分标准：见评标办法前附表；

（2）资信业绩评分标准：见评标办法前附表；

（3）承包人实施方案评分标准：见评标办法前附表；

（4）投标报价评分标准：见评标办法前附表；

（5）其他因素评分标准：见评标办法前附表。

3. 评标程序

3.1 初步评审

3.1.1 评标委员会可以要求投标人提交第二章“投标人须知”第3.5.1项至第3.5.5

项规定的有关证明和证件的原件，以便核验。评标委员会依据本章第 2.1 款规定的标准对投标文件进行初步评审。有一项不符合评审标准的，评标委员会应当否决其投标。（适用于未进行资格预审的）

3.1.1 评标委员会依据本章第 2.1.1 项、第 2.1.3 项规定的评审标准对投标文件进行初步评审。有一项不符合评审标准的，评标委员会应当否决其投标。当投标人资格预审申请文件的内容发生重大变化时，评标委员会依据本章第 2.1.2 项规定的标准对其更新资料进行评审。（适用于已进行资格预审的）

3.1.2 投标人有以下情形之一的，评标委员会应当否决其投标：

（1）第二章"投标人须知"第 1.4.3 项、第 1.4.4 项规定的任何一种情形的；

（2）串通投标或弄虚作假或有其他违法行为的；

（3）不按评标委员会要求澄清、说明或补正的。

3.1.3 投标报价有算术错误的，评标委员会按以下原则对投标报价进行修正，修正的价格经投标人书面确认后具有约束力。投标人不接受修正价格的，评标委员会应当否决其投标。

（1）投标文件中的大写金额与小写金额不一致的，以大写金额为准；

（2）总价金额与依据单价计算出的结果不一致的，以单价金额为准修正总价，但单价金额小数点有明显错误的除外。

3.2 详细评审

3.2.1 评标委员会按本章第 2.2 款规定的量化因素和分值进行打分，并计算出综合评估得分。评标办法前附表对承包人建议书中的设计文件评审有特殊规定的，从其规定。

（1）按本章第 2.2.4（1）目规定的评审因素和分值对承包人建议书计算出得分 A；

（2）按本章第 2.2.4（2）目规定的评审因素和分值对资信业绩部分计算出得分 B；

（3）按本章第 2.2.4（3）目规定的评审因素和分值对承包人实施方案计算出得分 C；

（4）按本章第 2.2.4（4）目规定的评审因素和分值对投标报价计算出得分 D；

（5）按本章第 2.2.4（5）目规定的评审因素和分值对其他部分计算出得分 E。

3.2.2 评分分值计算保留小数点后两位，小数点后第三位"四舍五入"。

3.2.3 投标人得分 = A + B + C + D + E。

3.2.4 评标委员会发现投标人的报价明显低于其他投标报价，或者在设有标底时明显低于标底，使得其投标报价可能低于其个别成本的，应当要求该投标人作出书面说明并提供相应的证明材料。投标人不能合理说明或者不能提供相应证明材料的，评标委员会应当认定该投标人以低于成本报价竞标，应当否决其投标。

3.3 投标文件的澄清和补正

3.3.1 在评标过程中，评标委员会可以书面形式要求投标人对所提交投标文件中不明确的内容进行书面澄清或说明，或者对细微偏差进行补正。评标委员会不接受投标人主动提出的澄清、说明或补正。

3.3.2 澄清、说明和补正不得改变投标文件的实质性内容。投标人的书面澄清、说明和补正属于投标文件的组成部分。

3.3.3 评标委员会对投标人提交的澄清、说明或补正有疑问的，可以要求投标人进一步澄清、说明或补正，直至满足评标委员会的要求。

3.4 评标结果

3.4.1 除第二章“投标人须知”前附表授权直接确定中标人外，评标委员会按照得分由高到低的顺序推荐中标候选人。

3.4.2 评标委员会完成评标后，应当向招标人提交书面评标报告。

第三章　评标办法（经评审的最低投标价法）

评标办法前附表

条款号		评 审 因 素	评 审 标 准
2.1.1	形式评审标准	投标人名称	与营业执照、资质证书一致
		投标函签字盖章	有法定代表人或其委托代理人签字或加盖单位章
		投标文件格式	符合第七章“投标文件格式”的要求
		联合体投标人	提交联合体协议书，并明确联合体牵头人
		报价唯一	只能有一个有效报价
		……	……
2.1.2	资格评审标准	营业执照	具备有效的营业执照
		资质等级	符合第二章“投标人须知”第1.4.1项规定
		财务状况	符合第二章“投标人须知”第1.4.1项规定
		类似项目业绩	符合第二章“投标人须知”第1.4.1项规定
		信誉	符合第二章“投标人须知”第1.4.1项规定
		项目经理	符合第二章“投标人须知”第1.4.1项规定
		设计负责人	符合第二章“投标人须知”第1.4.1项规定
		施工负责人	符合第二章“投标人须知”第1.4.1项规定
		施工机械设备	符合第二章“投标人须知”第1.4.1项规定
		项目管理机构及人员	符合第二章“投标人须知”第1.4.1项规定
		其他要求	符合第二章“投标人须知”第1.4.1项规定
		联合体投标人	符合第二章“投标人须知”第1.4.2项规定
		……	……
2.1.3	响应性评审标准	投标报价	符合第二章“投标人须知”第3.2.4项规定
		投标内容	符合第二章“投标人须知”第1.3.1项规定
		工期	符合第二章“投标人须知”第1.3.2项规定

条款号		评 审 因 素	评 审 标 准
2.1.3	响应性评审标准	质量标准	符合第二章“投标人须知”第1.3.3项规定
		投标有效期	符合第二章“投标人须知”第3.3.1项规定
		投标保证金	符合第二章“投标人须知”第3.4款规定
		权利义务	符合第四章“合同条款及格式”规定的权利义务
		……	……
2.1.4	承包人建议书评审标准	图纸	……
		工程详细说明	……
		设备方案	……
		……	……
2.1.5	承包人实施方案评审标准	总体实施方案	……
		项目实施要点	……
		项目管理要点	……
		……	……
条款号		量 化 因 素	量 化 标 准
2.2	详细评审标准	付款条件	……
		……	……

1. 评标方法

本次评标采用经评审的最低投标价法。评标委员会对满足招标文件实质要求的投标文件，根据本章第 2. 2 款规定的量化因素及标准进行价格折算，按照经评审的投标价由低到高的顺序推荐中标候选人，或根据招标人授权直接确定中标人，但投标报价低于其成本的除外。经评审的投标价相等时，投标报价低的优先；投标报价也相等的，由招标人或者招标人授权的评标委员会自行确定。

2. 评审标准

2. 1 初步评审标准

2. 1. 1 形式评审标准：见评标办法前附表。

2. 1. 2 资格评审标准：见评标办法前附表。

2. 1. 3 响应性评审标准：见评标办法前附表。

2. 1. 4 承包人建议书评审标准：见评标办法前附表。

2. 1. 5 承包人实施方案评审标准：见评标办法前附表。

2. 2 详细评审标准

详细评审标准：见评标办法前附表。

3. 评标程序

3. 1 初步评审

3. 1. 1 评标委员会可以要求投标人提交第二章“投标人须知”第 3. 5. 1 项至第 3. 5. 5 项规定的有关证明和证件的原件，以便核验。评标委员会依据本章第 2. 1 款规定的标准对投标文件进行初步评审。有一项不符合标准的，评标委员会应当否决其投标。（适用于未进行资格预审的）

3. 1. 1 评标委员会依据本章第 2. 1. 1 项、第 2. 1. 3 项、第 2. 1. 4 项规定的标准对投标文件进行初步评审。有一项不符合标准的，评标委员会应当否决其投标。当投标人资格预审申请文件的内容发生重大变化时，评标委员会依据本章第 2. 1. 2 项规定的标准对其更新资料进行评审。（适用于已进行资格预审的）

3. 1. 2 投标人有以下情形之一的，评标委员会应当否决其投标：

（1）第二章“投标人须知”第 1. 4. 3 项、第 1. 4. 4 项规定的任何一种情形的；

（2）串通投标或弄虚作假或有其他违法行为的；

（3）不按评标委员会要求澄清、说明或补正的。

3.1.3　投标报价有算术错误的，评标委员会按以下原则对投标报价进行修正，修正的价格经投标人书面确认后具有约束力。投标人不接受修正价格的，评标委员会应当否决其投标。

（1）投标文件中的大写金额与小写金额不一致的，以大写金额为准；

（2）总价金额与依据单价计算出的结果不一致的，以单价金额为准修正总价，但单价金额小数点有明显错误的除外。

3.2　详细评审

3.2.1　评标委员会按本章第2.2款规定的量化因素和标准进行价格折算，计算出评标价，并编制价格比较一览表。

3.2.2　评标委员会发现投标人的报价明显低于其他投标报价，或者在设有标底时明显低于标底，使得其投标报价可能低于其成本的，应当要求该投标人作出书面说明并提供相应的证明材料。投标人不能合理说明或者不能提供相应证明材料的，由评标委员会认定该投标人以低于成本报价竞标，评标委员会应当否决其投标。

3.3　投标文件的澄清和补正

3.3.1　在评标过程中，评标委员会可以书面形式要求投标人对所提交的投标文件中不明确的内容进行书面澄清或说明，或者对细微偏差进行补正。评标委员会不接受投标人主动提出的澄清、说明或补正。

3.3.2　澄清、说明和补正不得改变投标文件的实质性内容。投标人的书面澄清、说明和补正属于投标文件的组成部分。

3.3.3　评标委员会对投标人提交的澄清、说明或补正有疑问的，可以要求投标人进一步澄清、说明或补正，直至满足评标委员会的要求。

3.4　评标结果

3.4.1　除第二章“投标人须知”前附表授权直接确定中标人外，评标委员会按照经评审的价格由低到高的顺序推荐中标候选人。

3.4.2　评标委员会完成评标后，应当向招标人提交书面评标报告。

第四章　合同条款及格式

第一节　通用合同条款

1. 一般约定

1.1 词语定义

通用合同条款、专用合同条款中的下列词语应具有本款所赋予的含义。

1.1.1 合同

1.1.1.1 合同文件（或称合同）：指合同协议书、中标通知书、投标函及投标函附录、专用合同条款、通用合同条款、发包人要求、价格清单、承包人建议书，以及其他构成合同组成部分的文件。

1.1.1.2 合同协议书：指第1.5款所指的合同协议书。

1.1.1.3 中标通知书：指发包人通知承包人中标的函件。中标通知书随附的澄清、说明、补正事项纪要等，是中标通知书的组成部分。

1.1.1.4 投标函：指构成合同文件组成部分的由承包人填写并签署的投标函。

1.1.1.5 投标函附录：指附在投标函后构成合同文件的投标函附录。

1.1.1.6 发包人要求：指构成合同文件组成部分的名为发包人要求的文件，包括招标项目的目的、范围、设计与其他技术标准和要求，以及合同双方当事人约定对其所作的修改或补充。

1.1.1.7 价格清单：指构成合同文件组成部分的由承包人按规定的格式和要求填写并标明价格的清单。

1.1.1.8 承包人建议书：指构成合同文件组成部分的名为承包人建议书的文件。承包人建议书由承包人随投标函一起提交。承包人建议书应包括承包人的设计图纸及相应说明等设计文件。

1.1.1.9 其他合同文件：指经合同双方当事人确认构成合同文件的其他文件。

1.1.2 合同当事人和人员

1.1.2.1 合同当事人：指发包人和（或）承包人。

1.1.2.2 发包人：指专用合同条款中指明并与承包人在合同协议书中签字的当事人。

1.1.2.3 承包人：指与发包人签订合同协议书的当事人。

1.1.2.4 承包人项目经理：指承包人指定代表承包人履行义务的负责人。

1.1.2.5 设计负责人：指承包人指定负责组织指导协调设计工作并具有相应资格的人员。

1.1.2.6 施工负责人：指承包人指定负责组织指导协调施工工作并具有相应资格的人员。

1.1.2.7 采购负责人：指承包人指定负责组织指导协调采购工作的人员。

1.1.2.8 分包人：指从承包人处分包合同中某一部分工作，并与其签订分包合同的分包人。

1.1.2.9　监理人：指在专用合同条款中指明的，受发包人委托对合同履行实施管理的法人或其他组织。属于国家强制监理的，监理人应当具有相应的监理资质。

1.1.2.10　总监理工程师：指由监理人委派对合同履行实施管理的全权负责人。

1.1.3　工程和设备

1.1.3.1　工程：指永久工程和（或）临时工程。

1.1.3.2　永久工程：指按合同约定建造并移交给发包人的工程，包括工程设备。

1.1.3.3　临时工程：指为完成合同约定的永久工程所修建的各类临时性工程，不包括施工设备。

1.1.3.4　区段工程：指专用合同条款中指明特定范围的能单独接收并使用的永久工程。

1.1.3.5　工程设备：指构成或计划构成永久工程的机电设备、仪器装置、运载工具及其他类似的设备和装置。

1.1.3.6　施工设备：指为完成合同约定的各项工作所需的设备、器具和其他物品，不包括临时工程和材料。

1.1.3.7　临时设施：指为完成合同约定的各项工作所服务的临时性生产和生活设施。

1.1.3.8　承包人设备：指承包人为工程实施提供的施工设备。

1.1.3.9　施工场地（或称工地、现场）：指用于合同工程施工的场所，以及在合同中指定作为施工场地组成部分的其他场所，包括永久占地和临时占地。

1.1.3.10　永久占地：指专用合同条款中指明为实施合同工程需永久占用的土地。

1.1.3.11　临时占地：指专用合同条款中指明为实施合同工程需临时占用的土地。

1.1.4　日期、检验和竣工

1.1.4.1　开始工作通知：指监理人按第11.1款通知承包人开始工作的函件。

1.1.4.2　开始工作日期：指监理人按第11.1款发出的开始工作通知中写明的开始工作日期。

1.1.4.3　工期：指承包人在投标函中承诺的完成合同工作所需的期限，包括按第11.3款、第11.4款和第11.6款约定所作的变更。

1.1.4.4　竣工日期：指第1.1.4.3目约定工期届满时的日期。实际竣工日期以工程接收证书中写明的日期为准。

1.1.4.5　缺陷责任期：指履行第19.2款约定的缺陷责任的期限，具体期限在发包人要求中明确的包括根据第19.3款约定所作的延长。

1.1.4.6　基准日期：指投标截止之日前28天的日期。

1.1.4.7　天：除特别指明外，指日历天。合同中按天计算时间的，开始当天不计入，从次日开始计算。期限最后一天的截止时间为当天24：00。

1.1.4.8　竣工试验：是指在工程竣工验收前，根据第18.1款要求进行的试验。

1.1.4.9　竣工验收：是指承包人完成了全部合同工作后，发包人按合同要求进行的验收。

1.1.4.10　竣工后试验：是指在工程竣工验收后，根据第18.9款约定进行的试验。

1.1.4.11　国家验收：是指政府有关部门根据法律、规范、规程和政策要求，针对发包人全面组织实施的整个工程正式交付投运前的验收。

1.1.5　合同价格和费用

1.1.5.1　签约合同价：指中标通知书明确的并在签订合同时于合同协议书中写明的，包括了暂列金额、暂估价的合同总金额。

1.1.5.2　合同价格：指承包人按合同约定完成了包括缺陷责任期内的全部承包工作后，发包人应付给承包人的金额，包括在履行合同过程中按合同约定进行的变更和调整。

1.1.5.3　费用：指为履行合同所发生的或将要发生的所有合理开支，包括管理费和应分摊的其他费用，但不包括利润。

1.1.5.4　暂列金额：指招标文件中给定的，用于在签订协议书时尚未确定或不可预见变更的设计、施工及其所需材料、工程设备、服务等的金额，包括以计日工方式支付的金额。

1.1.5.5　暂估价：指招标文件中给定的，用于支付必然发生但暂时不能确定价格的专业服务、材料、设备专业工程的金额。

1.1.5.6　计日工：指对零星工作采取的一种计价方式，按合同中的计日工子目及其单价计价付款。

1.1.5.7　质量保证金：指按第17.4.1项约定用于保证在缺陷责任期内履行缺陷修复义务的金额。

1.1.6　其他

1.1.6.1　书面形式：指合同文件、信函、电报、传真、数据电文、电子邮件、会议纪要等可以有形地表现所载内容的形式。

1.1.6.2　承包人文件：指由承包人根据合同应提交的所有图纸、手册、模型、计算书、软件和其他文件。

1.1.6.3　变更是指根据第15条的约定，经指示或批准对发包人要求或工程所作的改变。

1.2　语言文字

合同使用的语言文字为中文。专用术语使用外文的，应附有中文注释。

1.3　法律

适用于合同的法律包括中华人民共和国法律、行政法规、部门规章，以及工程所在地的地方法规、自治条例、单行条例和地方政府规章。

1.4 合同文件的优先顺序

组成合同的各项文件应互相解释，互为说明。除专用合同条款另有约定外，解释合同文件的优先顺序如下：

（1）合同协议书；

（2）中标通知书；

（3）投标函及投标函附录；

（4）专用合同条款；

（5）通用合同条款；

（6）发包人要求；

（7）承包人建议书；

（8）价格清单；

（9）其他合同文件。

1.5 合同协议书

承包人按中标通知书规定的时间与发包人签订合同协议书。除法律另有规定或合同另有约定外，发包人和承包人的法定代表人或其委托代理人在合同协议书上签字并盖单位章后，合同生效。

1.6 文件的提供和照管

1.6.1 承包人文件的提供

除专用合同条款另有约定外，承包人应在合理的期限内按照合同约定的数量向监理人提供承包人文件。合同约定承包人文件应批准的，监理人应当在合同约定的期限内批复。承包人的设计文件的提供和审查按第5.3款和第5.5款的约定执行。

1.6.2 发包人提供的文件

按专用合同条款约定由发包人提供的文件，包括前期工作相关文件、环境保护、气象水文、地质条件等，发包人应按约定的数量和期限交给承包人。由于发包人未按时提供文件造成工期延误的，按第11.3款约定执行。

1.6.3 文件错误的通知

任何一方发现了文件中存在的明显错误或疏忽，应及时通知另一方。

1.6.4 文件的照管

承包人应在现场保留一份合同、发包人要求中列出的所有文件、承包人文件、变更以及其他根据合同收发的往来信函。发包人有权在任何合理的时间查阅和使用上述所有文件。

1.7 联络

1.7.1 与合同有关的通知、批准、证明、证书、指示、要求、请求、同意、意见、确定和决定等，均应采用书面形式。

1.7.2 第1.7.1项中的通知、批准、证明、证书、指示、要求、请求、同意、意见、确定和决定等来往函件，均应在合同约定的期限内送达指定的地点和指定的接收人，并办理签收手续。

1.8 转让

除合同另有约定外，未经承包人同意，发包人不得将合同权利全部或部分转让给第三人，也不得全部或部分转让合同义务。承包人不得将合同权利和义务全部转让给第三人，也不得将合同的义务全部或部分转让给第三人，法律另有规定的除外。

1.9 严禁贿赂

合同双方当事人不得以贿赂或变相贿赂的方式，谋取不当利益或损害对方权益。因贿赂造成对方损失的，行为人应赔偿损失，并承担相应的法律责任。

1.10 化石、文物

1.10.1 在施工场地发掘的所有文物、古迹以及具有地质研究或考古价值的其他遗迹、化石、钱币或物品属于国家所有。一旦发现上述文物，承包人应采取有效合理的保护措施，防止任何人员移动或损坏上述物品，并立即报告当地文物行政部门，同时通知监理人和发包人。发包人、监理人和承包人应按文物行政部门要求采取妥善保护措施，由此导致费用增加和（或）工期延误由发包人承担。

1.10.2 承包人发现文物后不及时报告或隐瞒不报，致使文物丢失或损坏的，应赔偿损失，并承担相应的法律责任。

1.11 知识产权

1.11.1 除专用合同条款另有约定外，承包人完成的设计工作成果和建造完成的建筑物，除署名权以外的著作权以及建筑物形象使用收益等其他知识产权均归发包人享有。

1.11.2 承包人在进行设计，以及使用任何材料、承包人设备、工程设备或采用施工工艺时，因侵犯专利权或其他知识产权所引起的责任，由承包人承担。

1.11.3 承包人在投标文件中采用专利技术的，专利技术的使用费包含在投标报价内。

1.12 文件及信息的保密

未经对方同意，任何一方当事人不得将有关文件、技术秘密、需要保密的资料和信息泄露给他人或公开发表与引用。

1.13 发包人要求中的错误（A）

1.13.1 承包人应认真阅读、复核发包人要求，发现错误的，应及时书面通知发包人。

1.13.2 发包人要求中的错误导致承包人增加费用和（或）工期延误的，发包人应承担由此增加的费用和（或）工期延误，并向承包人支付合理利润。

1.13 发包人要求中的错误（B）

1.13.1 承包人应认真阅读、复核发包人要求，发现错误的，应及时书面通知发包人。发包人作相应修改的，按照第15条约定处理。对确实存在的错误，发包人坚持不作修改的，应承担由此导致承包人增加的费用和（或）延误的工期。

1.13.2 承包人未发现发包人要求中存在错误的，承包人自行承担由此导致的费用增加和（或）工期延误，但专用合同条款另有约定的除外。

1.13.3 无论承包人发现与否，在任何情况下，发包人要求中的下列错误导致承包人增加的费用和（或）延误的工期，由发包人承担，并向承包人支付合理利润。

（1）发包人要求中引用的原始数据和资料；

（2）对工程或其任何部分的功能要求；

（3）对工程的工艺安排或要求；

（4）试验和检验标准；

（5）除合同另有约定外，承包人无法核实的数据和资料。

1.14 发包人要求违法

发包人要求违反法律规定的，承包人发现后应书面通知发包人，并要求其改正。发包人收到通知书后不予改正或不予答复的，承包人有权拒绝履行合同义务，直至解除合同。发包人应承担由此引起的承包人全部损失。

2. 发包人义务

2.1 遵守法律

发包人在履行合同过程中应遵守法律，并保证承包人免于承担因发包人违反法律而引起的任何责任。

2.2 发出承包人开始工作通知

发包人应委托监理人按第11.1款的约定向承包人发出开始工作通知。

2.3 提供施工场地

发包人应按专用合同条款约定向承包人提供施工场地及进场施工条件，并明确与承包人的交接界面。

2.4 办理证件和批件

法律规定和（或）合同约定由发包人负责办理的工程建设项目必须履行的各类审批、核准或备案手续，发包人应按时办理。

法律规定和（或）合同约定由承包人负责的有关设计、施工证件和批件，发包人应给予必要的协助。

2.5 支付合同价款

发包人应按合同约定向承包人及时支付合同价款。专用合同条款对发包人工程款支付担保有约定的，从其约定。

2.6 组织竣工验收

发包人应按合同约定及时组织竣工验收。

2.7 其他义务

发包人应履行合同约定的其他义务。

3. 监理人

3.1 监理人的职责和权力

3.1.1 监理人受发包人委托，享有合同约定的权力，其所发出的任何指示应视为已得到发包人的批准。监理人在行使某项权力前需要经发包人事先批准而通用合同条款没有指明的，应在专用合同条款中指明。未经发包人批准，监理人无权修改合同。

3.1.2 合同约定应由承包人承担的义务和责任，不因监理人对承包人文件的审查或批准，对工程、材料和工程设备的检查和检验，以及为实施监理作出的指示等职务行为而减轻或解除。

3.2 总监理工程师

发包人应在发出开始工作通知前将总监理工程师的任命通知承包人。总监理工程师更换时，应提前 14 天通知承包人。总监理工程师超过 2 天不能履行职责的，应委派代表代行其职责，并通知承包人。

3.3 监理人员

3.3.1 总监理工程师可以授权其他监理人员负责执行其指派的一项或多项监理工作。总监理工程师应将被授权监理人员的姓名及其授权范围通知承包人。被授权的监理人员在授权范围内发出的指示视为已得到总监理工程师的同意，与总监理工程师发出的指示具有同等效力。总监理工程师撤销某项授权时，应将撤销授权的决定及时通知发包人和承包人。

3.3.2 总监理工程师授权的监理人员对承包人文件、工程或其采用的材料和工程设备未在约定的或合理的期限内提出否定意见的，视为已获批准，但不影响监理人在以后拒绝该项工作、工程、材料或工程设备的权利，监理人的拒绝应当符合法律规定和合同约定。

3.3.3 承包人对总监理工程师授权的监理人员发出的指示有疑问的，可在该指示发出的48小时内向总监理工程师提出书面异议，总监理工程师应在48小时内对该指示予以确认、更改或撤销。

3.3.4 除专用合同条款另有约定外，总监理工程师不应将第3.5款约定应由总监理工程师作出确定的权力授权或委托给其他监理人员。

3.4 监理人的指示

3.4.1 监理人应按第3.1款的约定向承包人发出指示，监理人的指示应盖有监理人授权的项目管理机构章，并由总监理工程师或总监理工程师约定授权的监理人员签字。

3.4.2 承包人收到监理人作出的指示后应遵照执行。指示构成变更的，应按第15条执行。

3.4.3 在紧急情况下，总监理工程师或其授权的监理人员可以当场签发临时书面指示，承包人应遵照执行。监理应在临时书面指示发出后24小时内发出书面确认函，监理人在24小时内未发出书面确认函的，该临时书面指示应被视为监理人的正式指示。

3.4.4 除合同另有约定外，承包人只从总监理工程师或按第3.3.1项被授权的监理人员处取得指示。

3.4.5 由于监理人未能按合同约定发出指示、指示延误或指示错误而导致承包人费用增加和（或）工期延误的，发包人应承担由此增加的费用和（或）工期延误，并向承包人支付合理利润。

3.5 商定或确定

3.5.1 合同约定总监理工程师应按照本款对任何事项进行商定或确定时，总监理工程师应与合同当事人协商，尽量达成一致。不能达成一致的，总监理工程师应认真研究后审慎确定。

3.5.2 总监理工程师应将商定或确定的事项通知合同当事人，并附详细依据。对总监理工程师的确定有异议的，构成争议，按照第24条的约定处理。在争议解决前，双方应暂按总监理工程师的确定执行，按照第24条的约定对总监理工程师的确定作出修改的，按修改后的结果执行，由此导致承包人增加的费用和（或）延误的工期由发包人承担。

4. 承包人

4.1 承包人的一般义务

4.1.1 遵守法律

承包人在履行合同过程中应遵守法律，并保证发包人免于承担因承包人违反法律而引起的任何责任。

4.1.2 依法纳税

承包人应按有关法律规定纳税，应缴纳的税金包括在合同价格内。

4.1.3　完成各项承包工作

承包人应按合同约定以及监理人根据第3.4款作出的指示，完成合同约定的全部工作，并对工作中的任何缺陷进行整改、完善和修补，使其满足合同约定的目的。除专用合同条款另有约定外，承包人应提供合同约定的工程设备和承包人文件，以及为完成合同工作所需的劳务、材料、施工设备和其他物品，并按合同约定负责临时设施的设计、施工、运行、维护、管理和拆除。

4.1.4　对设计、施工作业和施工方法，以及工程的完备性负责

承包人应按合同约定的工作内容和进度要求，编制设计、施工的组织和实施计划，并对所有设计、施工作业和施工方法，以及全部工程的完备性和安全可靠性负责。

4.1.5　保证工程施工和人员的安全

承包人应按第10.2款约定采取施工安全措施，确保工程及其人员、材料、设备和设施的安全，防止因工程施工造成的人身伤害和财产损失。

4.1.6　负责施工场地及其周边环境与生态的保护工作

承包人应按照第10.4款约定负责施工场地及其周边环境与生态的保护工作。

4.1.7　避免施工对公众与他人的利益造成损害

承包人在进行合同约定的各项工作时，不得侵害发包人与他人使用公用道路、水源、市政管网等公共设施的权利，避免对邻近的公共设施产生干扰。承包人占用或使用他人的施工场地，影响他人作业或生活的，应承担相应责任。

4.1.8　为他人提供方便

承包人应按监理人的指示为他人在施工场地或附近实施与工程有关的其他各项工作提供可能的条件。除合同另有约定外，提供有关条件的内容和可能发生的费用，由监理人按第3.5款商定或确定。

4.1.9　工程的维护和照管

工程接收证书颁发前，承包人应负责照管和维护工程。工程接收证书颁发时尚有部分未竣工工程的，承包人还应负责该未竣工工程的照管和维护工作，直至竣工后移交给发包人。

4.1.10　其他义务

承包人应履行合同约定的其他义务。

4.2　履约担保

4.2.1　承包人应保证其履约担保在发包人颁发工程接收证书前一直有效。发包人应在工程接收证书颁发后28天内将履约担保退还给承包人。需进行竣工后试验的，承包人应保证其履约担保在竣工后试验通过前一直有效，发包人应在通过竣工后试验7天内将履约担保退还给承包人。

4.2.2　如工程延期，承包人有义务继续提供履约担保。由于发包人原因导致延期的，继续提供履约担保所需的费用由发包人承担；由于承包人原因导致延期的，继续提供履约担保所需费用由承包人承担。

4.3　分包和不得转包

4.3.1　承包人不得将其承包的全部工程转包给第三人，也不得将其承包的全部工程肢解后以分包的名义分别转包给第三人。

4.3.2　承包人不得将设计和施工的主体、关键性工作分包给第三人。除专用合同条款另有约定外，未经发包人同意，承包人也不得将非主体、非关键性工作分包给第三人。

4.3.3　分包人的资格能力应与其分包工作的标准和规模相适应。

4.3.4　发包人同意承包人分包工作的，承包人应向发包人和监理人提交分包合同副本。

4.4　联合体

4.4.1　联合体各方应共同与发包人签订合同。联合体各方应为履行合同承担连带责任。

4.4.2　联合体协议经发包人确认后作为合同附件。在履行合同过程中，未经发包人同意，不得修改联合体协议。

4.4.3　联合体牵头人或联合体授权的代表负责与发包人和监理人联系，并接受指示，负责组织联合体各成员全面履行合同。

4.5　承包人项目经理

4.5.1　承包人应按合同协议书的约定指派项目经理，并在约定的期限内到职。承包人更换项目经理应事先征得发包人同意，并应在更换14天前将拟更换的项目经理的姓名和详细资料提交发包人和监理人。承包人项目经理2天内不能履行职责的，应事先征得监理人同意，并委派代表代行其职责。

4.5.2　承包人项目经理应按合同约定以及监理人按第3.4款作出的指示，负责组织合同工作的实施。在情况紧急且无法与监理人取得联系时，可采取保证工程和人员生命财产安全的紧急措施，并在采取措施后24小时内向监理人提交书面报告。

4.5.3　承包人为履行合同发出的一切函件均应盖有承包人单位章或由承包人项目经理签字。

4.5.4　承包人项目经理可以授权其下属人员履行其某项职责，但事先应将这些人员的姓名和授权范围书面通知发包人和监理人。

4.6　承包人人员的管理

4.6.1　承包人应在接到开始工作通知之日起28天内，向监理人提交承包人的项目管理机构以及人员安排的报告，其内容应包括项目管理机构的设置、各主要岗位的技术和管理人员名单及其资格，以及设计人员和各工种技术工人的安排状况。承包人安排的主要管理人员和技术人员应相对稳定，更换主要管理人员和技术人员的，应取得监理人的同意，并向监理人提交继任人员的资格、管理经验等资料。项目经理的更换，应按照本章第4.5款规定执行。

4.6.2　承包人安排的主要管理人员包括项目经理、设计负责人、施工负责人、采购负责人以及专职质量、安全生产管理人员等；技术人员包括设计师、建筑师、土木工程师、设备工程师、建造师等。

4.6.3　承包人的设计人员应由具有国家规定和发包人要求中约定的资格，并具有从事设计所必需的经验与能力。

承包人应保证其设计人员（包括分包人的设计人员）在合同期限内的任何时候，都能按时参加发包人或其委托的监理人组织的工作会议。

4.6.4　国家规定应当持证上岗的工作人员均应持有相应的资格证明，监理人有权随时检查。监理人认为有必要时，可进行现场考核。

4.6.5　除专用合同条款另有约定外，承包人的主要施工管理人员离开施工现场连续超过3天的，应事先征得监理人同意。承包人擅自更换项目经理或主要施工管理人员，或前述人员未经监理人许可擅自离开施工现场连续超过3天的，应按照专用合同条款约定承担违约责任。

4.7　撤换承包人项目经理和其他人员

承包人应对其项目经理和其他人员进行有效管理。监理人要求撤换不能胜任本职工作、行为不端或玩忽职守的承包人项目经理和其他人员的，承包人应予以撤换。

4.8　保障承包人人员的合法权益

4.8.1　承包人应与其雇佣的人员签订劳动合同，并按时发放工资。

4.8.2　承包人应按劳动法的规定安排工作时间，保证其雇佣人员享有休息和休假的权利。因设计、施工的特殊需要占用休假日或延长工作时间的，应不超过法律规定的限度，并按法律规定给予补休或付酬。

4.8.3　承包人应为其雇佣人员提供必要的食宿条件，以及符合环境保护和卫生要求的生活环境，在远离城镇的施工场地，还应配备必要的伤病防治和急救的医务人员与医疗设施。

4.8.4　承包人应按国家有关劳动保护的规定，采取有效的防止粉尘、降低噪声、控制有害气体和保障高温、高寒、高空作业安全等劳动保护措施。其雇佣人员在施工中受到伤害的，承包人应立即采取有效措施进行抢救和治疗。

4.8.5　承包人应按有关法律规定和合同约定，为其雇佣人员办理保险。

4.8.6　承包人应负责处理其雇佣人员因工伤亡事故的善后事宜。

4.9　工程价款应专款专用

发包人按合同约定支付给承包人的各项价款应专用于合同工作。

4.10　承包人现场查勘

4.10.1　发包人应向承包人提供施工场地及毗邻区域内的供水、排水、供电、供气、供热、通信、广播电视等地下管线资料、气象和水文观测资料，相邻建筑物和构筑物、地下工程的有关资料，以及其他与建设工程有关的原始资料，并承担原始资料错误造成的全部责任，但承包人应对其阅读上述有关资料后所作出的解释和推断负责。

4.10.2　承包人应对施工场地和周围环境进行查勘，并收集除发包人提供外为完成合同工作有关的当地资料。在全部合同工作中，视为承包人已充分估计了应承担的责任和风险。

4.11　不可预见物质条件（A）

4.11.1　不可预见物质条件，除专用合同条款另有约定外，是指承包人在施工场地遇到的不可预见的自然物质条件、非自然的物质障碍和污染物，包括地下和水文条件，但不包括气候条件。

4.11.2　承包人遇到不可预见物质条件时，应采取适应不利物质条件的合理措施继续设计和（或）施工，并及时通知监理人，通知应载明不利物质条件的内容以及承包人认为不可预见的理由。监理人应当及时发出指示，指示构成变更的，按第15条约定执行。监理人没有发出指示的，承包人因采取合理措施而增加的费用和（或）工期延误，由发包人承担。

4.11　不可预见的困难和费用（B）

除合同另有约定外，承包人应视为已取得工程有关风险、意外事件和其他情况的全部必要资料，并预见工程所有困难和费用。承包人遇到不可预见的困难和费用时，合同价格不予调整。

4.12　进度计划

4.12.1　合同进度计划

承包人应按合同约定的内容和期限，编制详细的进度计划，包括设计、承包人文件提交、采购、制造、检验、运达现场、施工、安装、试验的各个阶段的预期时间以及设计和施工组织方案说明等报送监理人。监理人应在专用合同条款约定的期限内批复或提出修改意见，否则该进度计划视为已得到批准。经监理人批准的进度计划称合同进度计划，是控制合同工程进度的依据。承包人还应根据合同进度计划，编制更为详细的分阶段或分项进度计划，报监理人批准。

4.12.2　合同进度计划的修订

不论何种原因造成工程的实际进度与第4.12.1项的合同进度计划不符时，承包人可以在专用合同条款约定的期限内向监理人提交修订合同进度计划的申请报告，并附有关措施和相关资料，报监理人批准；监理人也可以直接向承包人作出修订合同进度计划的指示，承包人应按该指示修订合同进度计划，报监理人批准。监理人应在专用合同条款约定的期限内批复。监理人在批复前应获得发包人同意。

4.13 质量保证

4.13.1 为保证工程质量，承包人应按照合同要求建立质量保证体系。监理人有权对承包人的质量保证体系进行审查。

4.13.2 承包人应在各设计和实施阶段开始前，向监理人提交其具体的质量保证细则和工作程序。

4.13.3 遵守质量保证体系，不应免除合同约定的承包人的义务和责任。

5. 设计

5.1 承包人的设计义务

5.1.1 设计义务的一般要求

承包人应按照法律规定，以及国家、行业和地方的规范和标准完成设计工作，并符合发包人要求。

5.1.2 法律和标准的变化

除合同另有约定外，承包人完成设计工作所应遵守的法律规定，以及国家、行业和地方的规范和标准，均应视为在基准日适用的版本。基准日之后，前述版本发生重大变化，或者有新的法律，以及国家、行业和地方的规范和标准实施的，承包人应向发包人或发包人委托的监理人提出遵守新规定的建议。发包人或其委托的监理人应在收到建议后7天内发出是否遵守新规定的指示。发包人或其委托的监理人指示遵守新规定的，按照第15条或第16.2款约定执行。

5.2 承包人设计进度计划

承包人应按照发包人要求，在合同进度计划中专门列出设计进度计划，报发包人批准后执行。承包人需按照经批准后的计划开展设计工作。

因承包人原因影响设计进度的，按第11.5款的约定执行。因发包人原因影响设计进度的，按第15条变更处理。

发包人或其委托的监理人有权要求承包人根据第11.5款提交修正的进度计划、增加投入资源并加快设计进度。

5.3 设计审查

5.3.1 承包人的设计文件应报发包人审查同意。审查的范围和内容在发包人要求中约定。

除合同另有约定外，自监理人收到承包人的设计文件以及承包人的通知之日起，发包人对承包人的设计文件审查期不超过21天。承包人的设计文件对于合同约定有偏离的，应在通知中说明。承包人需要修改已提交的承包人文件的，应立即通知监理人，并向监理人提交修改后的承包人的设计文件，审查期重新起算。

发包人不同意设计文件的，应通过监理人以书面形式通知承包人，并说明不符合合同要求的具体内容。承包人应根据监理人的书面说明，对承包人文件进行修改后重新报送发包人审查，审查期重新起算。

合同约定的审查期满，发包人没有做出审查结论也没有提出异议的，视为承包人的设计文件已获发包人同意。

5.3.2　承包人的设计文件不需要政府有关部门审查或批准的，承包人应当严格按照经发包人审查同意的设计文件设计和实施工程。

5.3.3　设计文件需政府有关部门审查或批准的，发包人应在审查同意承包人的设计文件后7天内，向政府有关部门报送设计文件，承包人应予以协助。

对于政府有关部门的审查意见，不需要修改发包人要求的，承包人需按该审查意见修改承包人的设计文件；需要修改发包人要求的，发包人应重新提出发包人要求，承包人应根据新提出的发包人要求修改承包人文件。上述情形还应适用第15条、第1.13款的有关约定。

政府有关部门审查批准的，承包人应当严格按照批准后的承包人的设计文件设计和实施工程。

5.4　培训

承包人应按照发包人要求，对发包人的人员进行工程操作和维修方面的培训。合同约定接收之前进行培训的，应在第18.3款约定的竣工验收前完成培训。

5.5　竣工文件

5.5.1　承包人应编制并及时更新反映工程实施结果的竣工记录，如实记载竣工工程的确切位置、尺寸和已实施工作的详细说明。竣工记录应保存在施工场地，并在竣工试验开始前，按照专用合同条款约定的份数提交给监理人。

5.5.2　在颁发工程接收证书之前，承包人应按照发包人要求的份数和形式向监理人提交相应竣工图纸，并取得监理人对尺寸、参照系统及其他有关细节的认可。监理人应按照第5.3款的约定进行审查。

5.5.3　在监理人收到上述文件前，不应认为工程已根据第18.3款和第18.5款约定完成验收。

5.6　操作和维修手册

5.6.1　在竣工试验开始前，承包人应向监理人提交暂行的操作和维修手册，该手册应足够详细，以便发包人能够对生产设备进行操作、维修、拆卸、重新安装、调整及修理。

5.6.2 承包人应提交足够详细的最终操作和维修手册，以及在发包人要求中明确的相关操作和维修手册。在监理人收到上述文件前，不应认为工程已根据第18.3款和第18.5款约定完成验收。

5.7 承包人文件错误

承包人文件存在错误、遗漏、含混、矛盾、不充分之处或其他缺陷，无论承包人是否根据本款获得了批准，承包人均应自费对前述问题带来的缺陷和工程问题进行改正。第1.13款发包人要求的错误导致承包人文件错误、遗漏、含混、矛盾、不充分或其他缺陷的除外。

6. 材料和工程设备

6.1 承包人提供的材料和工程设备

6.1.1 除专用合同条款另有约定外，承包人提供的材料和工程设备均由承包人负责采购、运输和保管。承包人应对其采购的材料和工程设备负责。

6.1.2 承包人应按专用合同条款的约定，将各项材料和工程设备的供货人及品种、技术要求、规格、数量和供货时间等报送监理人批准。承包人应向监理人提交其负责提供的材料和工程设备的质量证明文件，并满足合同约定的质量标准。

6.1.3 对承包人提供的材料和工程设备，承包人应会同监理人进行检验和交货验收，查验材料合格证明和产品合格证书，并按合同约定和监理人指示，进行材料的抽样检验和工程设备的检验测试，检验和测试结果应提交监理人，所需费用由承包人承担。

6.2 发包人提供的材料和工程设备（A）

6.2.1 专用合同条款约定发包人提供部分材料和工程设备的，应写明材料和工程设备的名称、规格、数量、价格、交货方式、交货地点等。

6.2.2 承包人应根据合同进度计划的安排，向监理人报送要求发包人交货的日期计划。发包人应按照监理人与合同双方当事人商定的交货日期，向承包人提交材料和工程设备。

6.2.3 发包人应在材料和工程设备到货7天前通知承包人，承包人应会同监理人在约定的时间内，赴交货地点共同进行验收。除专用合同条款另有约定外，发包人提供的材料和工程设备验收后，由承包人负责接收、运输和保管。

6.2.4 发包人要求向承包人提前交货的，承包人不得拒绝，但发包人应承担承包人由此增加的费用。

6.2.5 承包人要求更改交货日期或地点的，应事先报请监理人批准。由于承包人要求更改交货时间或地点所增加的费用和（或）工期延误由承包人承担。

6.2.6 发包人提供的材料和工程设备的规格、数量或质量不符合合同要求，或由于发包人原因发生交货日期延误及交货地点变更等情况的，发包人应承担由此增加的费用和（或）工期延误，并向承包人支付合理利润。

6.2 发包人提供的材料和工程设备（B）

发包人不提供材料和工程设备。

6.3 专用于工程的材料和工程设备

6.3.1 运入施工场地的材料、工程设备，包括备品备件、安装专用工器具与随机资料，必须专用于合同约定范围内的工程，未经监理人同意，承包人不得运出施工场地或挪作他用。

6.3.2 随同工程设备运入施工场地的备品备件、专用工器具与随机资料，应由承包人会同监理人按供货人的装箱单清点后共同封存，未经监理人同意不得启用。承包人因合同工作需要使用上述物品时，应向监理人提出申请。

6.4 实施方法

承包人对材料的加工、工程设备的采购、制造、安装应当按照法律规定、合同约定以及行业习惯来实施。

6.5 禁止使用不合格的材料和工程设备

6.5.1 监理人有权拒绝承包人提供的不合格材料或工程设备，并要求承包人立即进行更换。监理人应在更换后再次进行检查和检验，由此增加的费用和（或）工期延误由承包人承担。

6.5.2 监理人发现承包人使用了不合格的材料和工程设备，应即时发出指示要求承包人立即改正，并禁止在工程中继续使用不合格的材料和工程设备。

6.5.3 发包人提供的材料或工程设备不符合合同要求的，承包人有权拒绝，并可要求发包人更换，由此增加的费用和（或）工期延误由发包人承担。

7. 施工设备和临时设施

7.1 承包人提供的施工设备和临时设施

7.1.1 承包人应按合同进度计划的要求，及时配置施工设备和修建临时设施。进入施工场地的承包人设备需经监理人核查后才能投入使用。承包人更换合同约定的承包人设备的，应报监理人批准。

7.1.2 除专用合同条款另有约定外，承包人应自行承担修建临时设施的费用。需要临时占地的，应由发包人办理申请手续并承担相应费用。

7.2 发包人提供的施工设备和临时设施（A）

发包人提供的施工设备或临时设施在专用合同条款中约定。

7.2 发包人提供的施工设备和临时设施（B）

发包人不提供施工设备或临时设施。

7.3 要求承包人增加或更换施工设备

承包人使用的施工设备不能满足合同进度计划和（或）质量标准时，监理人有权要求承包人增加或更换施工设备，承包人应及时增加或更换，由此增加的费用和（或）工期延误由承包人承担。

7.4 施工设备和临时设施专用于合同工程

7.4.1 除合同另有约定外，运入施工场地的所有施工设备以及在施工场地建设的临时设施应专用于合同工程。未经监理人同意，不得将上述施工设备和临时设施中的任何部分运出施工场地或挪作他用。

7.4.2 经监理人同意，承包人可根据合同进度计划撤走闲置的施工设备。

8. 交通运输

8.1 道路通行权和场外设施（A）

发包人应根据工程的施工需要，负责办理取得出入施工场地的专用和临时道路的通行权，以及取得为工程建设所需修建场外设施的权利，并承担有关费用。承包人应协助发包人办理上述手续。

8.1 道路通行权和场外设施（B）

承包人应根据工程的施工需要，负责办理取得出入施工场地的专用和临时道路的通行权，以及取得为工程建设所需修建场外设施的权利，并承担有关费用。发包人应协助承包人办理上述手续。

8.2 场内施工道路

8.2.1 除专用合同条款另有约定外，承包人应负责修建、维修、养护和管理施工所需的临时道路和交通设施，包括维修、养护和管理发包人提供的道路和交通设施，并承担相应费用。

8.2.2 除专用合同条款另有约定外，承包人修建的临时道路和交通设施应免费提供发包人和监理人为实现合同目的使用。

8.3 场外交通

8.3.1 承包人车辆外出行驶所需的场外公共道路的通行费、养路费和税款等由承包人承担。

8.3.2 承包人应遵守有关交通法规，严格按照道路和桥梁的限制荷重安全行驶，并服从交通管理部门的检查和监督。

8.4 超大件和超重件的运输

由承包人负责运输的超大件或超重件，应由承包人负责向交通管理部门办理申请手续，发包人给予协助。运输超大件或超重件所需的道路和桥梁临时加固改造费用和其他有关费用，由承包人承担，但专用合同条款另有约定除外。

8.5 道路和桥梁的损坏责任

因承包人运输造成施工场地内外公共道路和桥梁损坏的，由承包人承担修复损坏的全部费用和可能引起的赔偿。

8.6 水路和航空运输

本条上述各款的内容适用于水路运输和航空运输，其中“道路”一词的含义包括河道、航线、船闸、机场、码头、堤防以及水路或航空运输中其他相似结构物；“车辆”一词的含义包括船舶和飞机等。

9. 测量放线

9.1 施工控制网

9.1.1 发包人应在专用合同条款约定的期限内，通过监理人向承包人提供测量基准点、基准线和水准点及其书面资料。除专用合同条款另有约定外，承包人应根据国家测绘基准、测绘系统和工程测量技术规范，按上述基准点（线）以及合同工程精度要求，测设施工控制网，并在专用合同条款约定的期限内，将施工控制网资料报送监理人批准。

9.1.2 承包人应负责管理施工控制网点。施工控制网点丢失或损坏的，承包人应及时修复。承包人应承担施工控制网点的管理与修复费用，并在工程竣工后将施工控制网点移交发包人。

9.2 施工测量

9.2.1 承包人应负责施工过程中的全部施工测量放线工作，并配置合格的人员、仪器、设备和其他物品。

9.2.2 监理人可以指示承包人进行抽样复测，当复测中发现错误或出现超过合同约定的误差时，承包人应按监理人指示进行修正或补测，并承担相应的复测费用。

9.3 基准资料错误的责任

发包人应对其提供的测量基准点、基准线和水准点及其书面资料的真实性、准确性和完整性负责，对其提供上述基准资料错误导致承包人损失的，发包人应当承担由此增加的费用和（或）工期延误，并向承包人支付合理利润。承包人应在设计或施工中对上述资料的准确性进行核实，发现存在明显错误或疏忽的，应及时通知监理人。

9.4　监理人使用施工控制网

监理人需要使用施工控制网的，承包人应提供必要的协助，发包人不再为此支付费用。

10. 安全、治安保卫和环境保护

10.1　发包人的安全责任

10.1.1　发包人应按合同约定履行安全职责，授权监理人按合同约定的安全工作内容监督、检查承包人安全工作的实施，组织承包人和有关单位进行安全检查。

10.1.2　发包人应对其现场机构雇佣的全部人员的工伤事故承担责任，但由于承包人原因造成发包人人员工伤的，应由承包人承担责任。

10.1.3　发包人应负责赔偿以下各种情况造成的第三者人身伤亡和财产损失：

（1）工程或工程的任何部分对土地的占用所造成的第三者财产损失；

（2）由于发包人原因在施工场地及其毗邻地带、履行合同工作中造成的第三者人身伤亡和财产损失。

10.2　承包人的安全责任

10.2.1　承包人应按合同约定履行安全职责，执行监理人有关安全工作的指示，并在专用合同条款约定的期限内，按合同约定的安全工作内容，编制安全措施计划报送监理人批准。

10.2.2　承包人按照合同约定需要进行勘察的，应严格执行操作规程，采取措施保证各类管线、设施和周边建筑物、构筑物的安全。

10.2.3　承包人应当按照法律、法规和工程建设强制性标准进行设计，在设计文件中注明涉及施工安全的重点部位和环节，提出保障施工作业人员和预防安全事故的措施建议，防止因设计不合理导致生产安全事故的发生。

10.2.4　承包人应加强施工作业安全管理，特别应加强易燃、易爆材料、火工器材、有毒与腐蚀性材料和其他危险品的管理，以及对爆破作业和地下工程施工等危险作业的管理。

10.2.5　承包人应严格按照国家安全标准制定施工安全操作规程，配备必要的安全生产和劳动保护设施，加强对承包人人员的安全教育，并发放安全工作手册和劳动保护用具。

10.2.6　承包人应按监理人的指示制定应对灾害的紧急预案，报送监理人批准。承包人还应按预案做好安全检查，配置必要的救助物资和器材，切实保护好有关人员的人身和财产安全。

10.2.7　合同约定的安全作业环境及安全施工措施所需费用应遵守有关规定，并包括在相关工作的合同价格中。因采取合同未约定的安全作业环境及安全施工措施增加的费用，由监理人按第3.5款商定或确定。

10.2.8　承包人应对其履行合同所雇佣的全部人员，包括分包人人员的工伤事故承担责任，但由于发包人原因造成承包人人员工伤事故的，应由发包人承担责任。

10.2.9　由于承包人原因在施工场地内及其毗邻地带造成的第三者人员伤亡和财产损失，由承包人负责赔偿。

10.3　治安保卫

10.3.1　除合同另有约定外，承包人应与当地公安部门协商，在现场建立治安管理机构或联防组织，统一管理施工场地的治安保卫事项，履行合同工程的治安保卫职责。

10.3.2　发包人和承包人除应协助现场治安管理机构或联防组织维护施工场地的社会治安外，还应做好包括生活区在内的各自管辖区的治安保卫工作。

10.3.3　除合同另有约定外，承包人应编制施工场地治安管理计划，并制定应对突发治安事件的紧急预案，报监理人批准。自承包人进入施工现场，至发包人接收工程的期间，施工现场发生暴乱、爆炸等恐怖事件，以及群殴、械斗等群体性突发治安事件的，发包人和承包人应立即向当地政府报告。发包人和承包人应积极协助当地有关部门采取措施平息事态，防止事态扩大，尽量减少财产损失和避免人员伤亡。

10.4　环境保护

10.4.1　承包人在履行合同过程中，应遵守有关环境保护的法律，履行合同约定的环境保护义务，并对违反法律和合同约定义务所造成的环境破坏、人身伤害和财产损失负责。

10.4.2　承包人应按合同约定的环保工作内容，编制环保措施计划，报送监理人批准。

10.4.3　承包人应确保施工过程中产生的气体排放物、粉尘、噪声、地面排水及排污等，符合法律规定和发包人要求。

10.5　事故处理

合同履行过程中发生事故的，承包人应立即通知监理人，监理人应立即通知发包人。发包人和承包人应立即组织人员和设备进行紧急抢救和抢修，减少人员伤亡和财产损失，防止事故扩大，并保护事故现场。需要移动现场物品时，应作出标记和书面记录，妥善保管有关证据。发包人和承包人应按国家有关规定，及时如实地向有关部门报告事故发生的情况，以及正在采取的紧急措施等。

11. 开始工作和竣工

11.1　开始工作

符合专用合同条款约定的开始工作的条件的，监理人应提前7天向承包人发出开始工作通知。监理人在发出开始工作通知前应获得发包人同意。工期自开始工作通知中载明的开始工作日期起计算。除专用合同条款另有约定外，因发包人原因造成监理人未能在合同签订之日起 90 天内发出开始工作通知的，承包人有权提出价格调整要求，或者解除合同。发包人应当承担由此增加的费用和（或）工期延误，并向承包人支付合理利润。

11.2 竣工

承包人应在第 1.1.4.3 目约定的期限内完成合同工作。实际竣工日期按第 18.3 款约定确定，并在工程接收证书中载明。

11.3 发包人引起的工期延误

在履行合同过程中，由于发包人的下列原因造成工期延误的，承包人有权要求发包人延长工期和（或）增加费用，并支付合理利润。需要修订合同进度计划的，按照第 4.12.2 项的约定执行。

（1）变更；

（2）未能按照合同要求的期限对承包人文件进行审查；

（3）因发包人原因导致的暂停施工；

（4）未按合同约定及时支付预付款、进度款；

（5）发包人按第 9.3 款提供的基准资料错误；

（6）发包人按第 6.2 款迟延提供材料、工程设备或变更交货地点；

（7）发包人未及时按照“发包人要求”履行相关义务；

（8）发包人造成工期延误的其他原因。

11.4 异常恶劣的气候条件

由于出现专用合同条款规定的异常恶劣的气候条件导致工期延误的，承包人有权要求发包人延长工期和（或）增加费用。

11.5 承包人引起的工期延误

由于承包人原因，未能按合同进度计划完成工作，或监理人认为承包人工作进度不能满足合同工期要求的，承包人应采取措施加快进度，并承担加快进度所增加的费用。由于承包人原因造成工期延误，承包人应支付逾期竣工违约金。逾期竣工违约金的计算方法和最高限额在专用合同条款中约定。承包人支付逾期竣工违约金，不免除承包人完成工作及修补缺陷的义务。

11.6 工期提前

发包人要求承包人提前竣工，或承包人提出提前竣工的建议能够给发包人带来效益的，应由监理人与承包人共同协商采取加快工程进度的措施和修订合同进度计划。发包人应承担承包人由此增加的费用，并向承包人支付专用合同条款约定的相应奖金。

11.7 行政审批迟延

合同约定范围内的工作需国家有关部门审批的，发包人和（或）承包人应按照合同约定的职责分工完成行政审批报送。因国家有关部门审批迟延造成费用增加和（或）工期延误的，由发包人承担。

12. 暂停工作

12.1 由发包人暂停工作

12.1.1 发包人认为必要时，可通过监理人向承包人发出暂停工作的指示，承包人应按监理人指示暂停工作。由于发包人原因引起的暂停工作造成工期延误的，承包人有权要求发包人延长工期和（或）增加费用，并支付合理利润。

12.1.2 由于承包人下列原因造成发包人暂停工作的，由此造成费用的增加和（或）工期延误由承包人承担：

（1）承包人违约；

（2）承包人擅自暂停工作；

（3）合同约定由承包人承担责任的其他暂停工作。

12.2 由承包人暂停工作

12.2.1 合同履行过程中发生下列情形之一的，承包人可向发包人发出通知，要求发包人采取有效措施予以纠正。发包人收到承包人通知后的28天内仍不履行合同义务，承包人有权暂停施工，并通知监理人，发包人应承担由此增加的费用和（或）工期延误责任，并支付承包人合理利润。

（1）发包人未能按合同约定支付价款，或拖延、拒绝批准付款申请和支付证书，导致付款延误的；

（2）监理人无正当理由没有在约定期限内发出复工指示，导致承包人无法复工的；

（3）发包人无法继续履行或明确表示不履行或实质上已停止履行合同的；

（4）发包人不履行合同约定其他义务的。

12.2.2 由于发包人的原因发生暂停施工的紧急情况，且监理人未及时下达暂停工作指示的，承包人可先暂停施工，并及时向监理人提出暂停工作的书面请求。监理人应在收到书面请求后的24小时内予以答复，逾期未答复的，视为同意承包人的暂停工作请求。

12.3 暂停工作后的照管

不论由于何种原因引起暂停工作的，暂停工作期间，承包人应负责妥善保护工程并提供安全保障，由此增加的费用由责任方承担。

12.4 暂停工作后的复工

12.4.1 暂停工作后，监理人应与发包人和承包人协商，采取有效措施积极消除暂停工作的影响。当工程具备复工条件时，监理人应立即向承包人发出复工通知。承包人收到复工通知后，应在监理人指定的期限内复工。

12.4.2 承包人无故拖延和拒绝复工的，由此增加的费用和工期延误由承包人承担；因发包人原因无法按时复工的，承包人有权要求发包人延长工期和（或）增加费用，并支付合理利润。

12.5 暂停工作56天以上

12.5.1 监理人发出暂停工作指示后56天内未向承包人发出复工通知的，除该项暂停由于承包人违约造成之外，承包人可向监理人提交书面通知，要求监理人在收到书面通知后28天内准许已暂停工作的全部或部分继续工作。如监理人逾期不予批准，则承包人可以通知监理人，将工程受影响的部分按第15条的约定作为可取消工作的变更处理。暂停工作影响到整个工程的，视为发包人违约，应按第12.2.1项的约定执行，同时承包人有权解除合同。

12.5.2 由于承包人原因引起暂停工作的，如承包人在收到监理人暂停工作指示后56天内不采取有效的复工措施，造成工期延误的，视为承包人违约，应按第12.1.2项的约定执行。

13. 工程质量

13.1 工程质量要求

13.1.1 工程质量验收按法律规定和合同约定的验收标准执行。

13.1.2 因承包人原因造成工程质量不符合法律的规定和合同约定的，监理人有权要求承包人返工直至符合合同要求为止，由此造成的费用增加和（或）工期延误由承包人承担。

13.1.3 因发包人原因造成工程质量达不到合同约定验收标准的，发包人应承担由于承包人返工造成的费用增加和（或）工期延误，并支付承包人合理利润。

13.2 承包人的质量检查

承包人应按合同约定对设计、材料、工程设备以及全部工程内容及其施工工艺进行全过程的质量检查和检验，并作详细记录，编制工程质量报表，报送监理人审查。

13.3 监理人的质量检查

监理人有权对全部工程内容及其施工工艺、材料和工程设备进行检查和检验。承包人应为监理人的检查和检验提供方便，包括监理人到施工场地，或制造、加工地点，或合同约定的其他地方进行察看和查阅施工原始记录。承包人还应按监理人指示，进行施工场地取样试验、工程复核测量和设备性能检测，提供试验样品、提交试验报告和测量成果以及监理人要求进行的其他工作。监理人的检查和检验，不免除承包人按合同约定应负的责任。

13.4 工程隐蔽部位覆盖前的检查

13.4.1 通知监理人检查

经承包人自检确认的工程隐蔽部位具备覆盖条件后，承包人应通知监理人在约定的期限内检查。承包人的通知应附有自检记录和必要的检查资料。监理人应按时到场检查。经监理人检查确认质量符合隐蔽要求，并在检查记录上签字后，承包人才能进行覆盖。监理人检查确认质量不合格的，承包人应在监理人指示的时间内修整返工后，由监理人重新检查。

13.4.2 监理人未到场检查

监理人未按第13.4.1项约定的时间进行检查的，除监理人另有指示外，承包人可自行完成覆盖工作，并作相应记录报送监理人，监理人应签字确认。监理人事后对检查记录有疑问的，可按第13.4.3项的约定重新检查。

13.4.3 监理人重新检查

承包人按第13.4.1项或第13.4.2项覆盖工程隐蔽部位后，监理人对质量有疑问的，可要求承包人对已覆盖的部位进行钻孔探测或揭开重新检验，承包人应遵照执行，并在检验后重新覆盖恢复原状。经检验证明工程质量符合合同要求的，由发包人承担由此增加的费用和（或）工期延误，并支付承包人合理利润；经检验证明工程质量不符合合同要求的，由此增加的费用和（或）工期延误由承包人承担。

13.4.4 承包人私自覆盖

承包人未通知监理人到场检查，私自将工程隐蔽部位覆盖的，监理人有权指示承包人钻孔探测或揭开检查，由此增加的费用和（或）工期延误由承包人承担。

13.5 清除不合格工程

13.5.1 因承包人设计失误，使用不合格材料、工程设备，或采用不适当的施工工艺，或施工不当，造成工程不合格的，监理人可以随时发出指示，要求承包人立即采取措施进行补救，直至达到合同要求的质量标准，由此增加的费用和（或）工期延误由承包人承担。

13.5.2 由于发包人提供的材料或工程设备不合格造成的工程不合格，需要承包人采取措施补救的，发包人应承担由此增加的费用和（或）工期延误，并支付承包人合理利润。

14. 试验和检验

14.1 材料、工程设备和工程的试验和检验

14.1.1 本款适用于竣工试验之前的试验和检验。

14.1.2 承包人应按合同约定进行材料、工程设备和工程的试验和检验，并为监理人对

上述材料、工程设备和工程的质量检查提供必要的试验资料和原始记录。按合同约定应由监理人与承包人共同进行试验和检验的，由承包人负责提供必要的试验资料和原始记录。

14.1.3　监理人未按合同约定派员参加试验和检验的，除监理人另有指示外，承包人可自行试验和检验，并应立即将试验和检验结果报送监理人，监理人应签字确认。

14.1.4　监理人对承包人的试验和检验结果有疑问的，或为查清承包人试验和检验成果的可靠性要求承包人重新试验和检验的，可按合同约定由监理人与承包人共同进行。重新试验和检验的结果证明该项材料、工程设备或工程的质量不符合合同要求的，由此增加的费用和（或）工期延误由承包人承担；重新试验和检验结果证明该项材料、工程设备和工程符合合同要求，由发包人承担由此增加的费用和（或）工期延误，并支付承包人合理利润。

14.2　现场材料试验

14.2.1　承包人根据合同约定或监理人指示进行的现场材料试验，应由承包人提供试验场所、试验人员、试验设备器材以及其他必要的试验条件。

14.2.2　监理人在必要时可以使用承包人的试验场所、试验设备器材以及其他试验条件，进行以工程质量检查为目的的复核性材料试验，承包人应予以协助。

14.3　现场工艺试验

承包人应按合同约定或监理人指示进行现场工艺试验。对大型的现场工艺试验，监理人认为必要时，应由承包人根据监理人提出的工艺试验要求，编制工艺试验措施计划，报送监理人批准。

15. 变更

15.1　变更权

在履行合同过程中，经发包人同意，监理人可按第15.3款约定的变更程序向承包人作出有关发包人要求改变的变更指示，承包人应遵照执行。变更应在相应内容实施前提出，否则发包人应承担承包人损失。没有监理人的变更指示，承包人不得擅自变更。

15.2　承包人的合理化建议

15.2.1　在履行合同过程中，承包人对发包人要求的合理化建议，均应以书面形式提交监理人。合理化建议书的内容应包括建议工作的详细说明、进度计划和效益以及与其他工作的协调等，并附必要的设计文件。监理人应与发包人协商是否采纳建议。建议被采纳并构成变更的，应按第15.3款约定向承包人发出变更指示。

15.2.2　承包人提出的合理化建议降低了合同价格、缩短了工期或者提高了工程经济效益的，发包人可按国家有关规定在专用合同条款中约定给予奖励。

15.3　变更程序

15.3.1　变更的提出

（1）在合同履行过程中，监理人可向承包人发出变更意向书。变更意向书应说明变更的具体内容和发包人对变更的时间要求，并附必要的相关资料。变更意向书应要求承包人提交包括拟实施变更工作的设计和计划、措施和竣工时间等内容的实施方案。发包人同意承包人根据变更意向书要求提交的变更实施方案的，由监理人按第15.3.3项约定发出变更指示。

（2）承包人收到监理人按合同约定发出的文件，经检查认为其中存在对发包人要求变更情形的，可向监理人提出书面变更建议。变更建议应阐明要求变更的依据，以及实施该变更工作对合同价款和工期的影响，并附必要的图纸和说明。监理人收到承包人书面建议后，应与发包人共同研究，确认存在变更的，应在收到承包人书面建议后的14天内作出变更指示。经研究后不同意作为变更的，应由监理人书面答复承包人。

（3）承包人收到监理人的变更意向书后认为难以实施此项变更的，应立即通知监理人，说明原因并附详细依据。监理人与承包人和发包人协商后确定撤销、改变或不改变原变更意向书。

15.3.2　变更估价

监理人应按照第3.5款商定或确定变更价格。变更价格应包括合理的利润，并应考虑承包人根据第15.2款提出的合理化建议。

15.3.3　变更指示

（1）变更指示只能由监理人发出。

（2）变更指示应说明变更的目的、范围、变更内容以及变更的工程量及其进度和技术要求，并附有关图纸和文件。承包人收到变更指示后，应按变更指示进行变更工作。

15.4　暂列金额

经发包人同意，承包人可使用暂列金额，但应按照第15.6款规定的程序进行，并对合同价格进行相应调整。

15.5　计日工（A）

15.5.1　发包人认为有必要时，由监理人通知承包人以计日工方式实施变更的零星工作。其价款按列入合同中的计日工计价子目及其单价进行计算。

15.5.2　采用计日工计价的任何一项变更工作，应从暂列金额中支付，承包人应在该项变更的实施过程中，每天提交以下报表和有关凭证报送监理人批准：

（1）工作名称、内容和数量；

（2）投入该工作所有人员的姓名、专业/工种、级别和耗用工时；

（3）投入该工作的材料类别和数量；

（4）投入该工作的施工设备型号、台数和耗用台时；

（5）监理人要求提交的其他资料和凭证。

15.5.3 计日工由承包人汇总后，按第 17.3.3 项的约定列入进度付款申请单，由监理人复核并经发包人同意后列入进度付款。

15.5 计日工（B）

签约合同价包括计日工的，按合同约定进行支付。

15.6 暂估价（A）

15.6.1 发包人在价格清单中给定暂估价的专业服务、材料、工程设备和专业工程属于依法必须招标的范围并达到规定的规模标准的，由发包人和承包人以招标的方式选择供应商或分包人。发包人和承包人的权利义务关系在专用合同条款中约定。中标金额与价格清单中所列的暂估价的金额差以及相应的税金等其他费用列入合同价格。

15.6.2 发包人在价格清单中给定暂估价的专业服务、材料和工程设备不属于依法必须招标的范围或未达到规定的规模标准的，应由承包人按第 6.1 款的约定提供。经监理人确认的专业服务、材料、工程设备的价格与价格清单中所列的暂估价的金额差以及相应的税金等其他费用列入合同价格。

15.6.3 发包人在价格清单中给定暂估价的专业工程不属于依法必须招标的范围或未达到规定的规模标准的，由监理人按照第 15.3.2 项进行估价，但专用合同条款另有约定的除外。经估价的专业工程与价格清单中所列的暂估价的金额差以及相应的税金等其他费用列入合同价格。

15.6 暂估价（B）

签约合同价包括暂估价的，按合同约定进行支付。

16. 价格调整

16.1 物价波动引起的调整（A）

除专用合同条款另有约定外，因物价波动引起的价格调整按照本款约定处理。

16.1.1 采用价格指数调整价格差额（适用于投标函附录约定了价格指数和权重的）

16.1.1.1 价格调整公式

因人工、材料和设备等价格波动影响合同价格时，根据投标函附录中的价格指数和权重表约定的数据，按以下公式计算差额并调整合同价格。

$$\Delta P = P_0\left[A + \left(B_1 \times \frac{F_{t1}}{F_{01}} + B_2 \times \frac{F_{t2}}{F_{02}} + B_3 \times \frac{F_{t3}}{F_{03}} + \cdots + B_n \times \frac{F_{tn}}{F_{04}}\right) - 1\right]$$

式中： ΔP——需调整的价格差额；

P_0——第 17.3.4 项、第 17.5.2 项和第 17.6.2 项约定的付款证书中承包人应得到的已完成工作量的金额。此项金额应不包括价格调整、不计质量保证金的扣留和支付、预付款的支付和扣回。第 15 条约定的变更及其他金额已按当期价格计价的，也不计在内；

A——定值权重（即不调部分的权重）；

B_1；B_2；B_3；…，B_n——各可调因子的变值权重（即可调部分的权重）为各可调因子在投标函投标总报价中所占的比例；

F_{t1}；F_{t2}；F_{t3}；…，F_{tn}——各可调因子的当期价格指数，指第 17.3.3 项、第 17.5.2 项和第 17.6.2 项约定的付款证书相关周期最后一天的前 42 天的各可调因子的价格指数；

F_{01}；F_{02}；F_{03}；…，F_{0n}——各可调因子的基本价格指数，指基准日期的各可调因子的价格指数。

以上价格调整公式中的各可调因子、定值和变值权重，以及基本价格指数及其来源在投标函附录价格指数和权重表中约定。价格指数应首先采用投标函附录中载明的有关部门提供的价格指数，缺乏上述价格指数时，可采用有关部门提供的价格代替。

16.1.1.2　暂时确定调整差额

在计算调整差额时得不到当期价格指数的，可暂用上一次价格指数计算，并在以后的付款中再按实际价格指数进行调整。

16.1.1.3　权重的调整

按第 15.1 款约定的变更导致原定合同中的权重不合理的，由监理人与承包人和发包人协商后进行调整。

16.1.1.4　承包人引起的工期延误后的价格调整

由于承包人原因未在约定的工期内竣工的，则对原约定竣工日期后继续施工的工程，在使用第 16.1.1.1 目价格调整公式时，应采用原约定竣工日期与实际竣工日期的两个价格指数中较低的一个作为当期价格指数。

16.1.1.5　发包人引起的工期延误后的价格调整

由于发包人原因未在约定的工期内竣工的，则对原约定竣工日期后继续施工的工程，在使用第 16.1.1.1 目价格调整公式时，应采用原约定竣工日期与实际竣工日期的两个价格指数中较高的一个作为当期价格指数。

16.1.1　采用造价信息调整价格差额（适用于投标函附录没有约定价格指数和权重的）

合同工期内，因人工、材料、设备和机械台班价格波动影响合同价格时，人工、机械使用费按照国家或省、自治区、直辖市建设行政管理部门、行业建设管理部门或其授权的工程造价管理机构发布的人工成本信息、机械台班单价或机械使用费系数进行调整；需要进行价格调整的材料，其单价和采购数应由监理人复核，监理人确认需调整的材料单价及数量，作为调整合同价格差额的依据。

16.1 物价波动引起的调整（B）

除法律规定或专用合同条款另有约定外，合同价格不因物价波动进行调整。

16.2 法律变化引起的调整

在基准日后，因法律变化导致承包人在合同履行中所需费用发生除第16.1款约定以外的增减时，监理人应根据法律、国家或省、自治区、直辖市有关部门的规定，按第3.5款商定或确定需调整的合同价格。

17. 合同价格与支付

17.1 合同价格

除专用合同条款另有约定外，

（1）合同价格包括签约合同价以及按照合同约定进行的调整；

（2）合同价格包括承包人依据法律规定或合同约定应支付的规费和税金；

（3）价格清单列出的任何数量仅为估算的工作量，不得将其视为要求承包人实施的工程的实际或准确的工作量。在价格清单中列出的任何工作量和价格数据应仅限用于变更和支付的参考资料，而不能用于其他目的。

合同约定工程的某部分按照实际完成的工程量进行支付的，应按照专用合同条款的约定进行计量和估价，并据此调整合同价格。

17.2 预付款

17.2.1 预付款

预付款用于承包人为合同工程的设计和工程实施购置材料、工程设备、施工设备、修建临时设施以及组织施工队伍进场等。预付款的额度和支付在专用合同条款中约定。预付款必须专用于合同工作。

17.2.2 预付款保函

除专用合同条款另有约定外，承包人应在收到预付款的同时向发包人提交预付款保函，预付款保函的担保金额应与预付款金额相同。保函的担保金额可根据预付款扣回的金额相应递减。

17.2.3 预付款的扣回与还清

预付款在进度付款中扣回，扣回办法在专用合同条款中约定。在颁发工程接收证书前，由于不可抗力或其他原因解除合同时，预付款尚未扣清的，尚未扣清的预付款余额应作为承包人的到期应付款。

17.3 工程进度付款

17.3.1 付款时间

除专用合同条款另有约定外，工程进度付款按月支付。

17.3.2 支付分解表

除专用合同条款另有约定外，承包人应根据价格清单的价格构成、费用性质、计划发生时间和相应工作量等因素，按照以下分类和分解原则，结合第4.12.1项约定的合同进度计划，汇总形成月度支付分解报告。

（1）勘察设计费。按照提供勘察设计阶段性成果文件的时间、对应的工作量进行分解。

（2）材料和工程设备费。分别按订立采购合同、进场验收合格、安装就位、工程竣工等阶段和专用条款约定的比例进行分解。

（3）技术服务培训费。按照价格清单中的单价，结合第4.12.1项约定的合同进度计划对应的工作量进行分解。

（4）其他工程价款。除第17.1款约定按已完成工程量计量支付的工程价款外，按照价格清单中的价格，结合第4.12.1项约定的合同进度计划拟完成的工程量或者比例进行分解。

承包人应当在收到经监理人批复的合同进度计划后7天内，将支付分解报告以及形成支付分解报告的支持性资料报监理人审批，监理人应当在收到承包人报送的支付分解报告后7天内给予批复或提出修改意见，经监理人批准的支付分解报告为有合同约束力的支付分解表。合同进度计划进行了修订的，应相应修改支付分解表，并按本目规定报监理人批复。

17.3.3 进度付款申请单

承包人应在每笔进度款支付前，按监理人批准的格式和专用合同条款约定的份数，向监理人提交进度付款申请单，并附相应的支持性证明文件。除合同另有约定外，进度付款申请单应包括下列内容：

（1）当期应支付金额总额，以及截至当期期末累计应支付金额总额、已支付的进度付款金额总额；

（2）当期根据支付分解表应支付金额，以及截至当期期末累计应支付金额；

（3）当期根据第17.1款约定计量的已实施工程应支付金额，以及截至当期期末累计应支付金额；

（4）当期根据第15条应增加和扣减的变更金额，以及截至当期期末累计变更金额；

（5）当期根据第23条应增加和扣减的索赔金额，以及截至当期期末累计索赔金额；

（6）当期根据第17.2款约定应支付的预付款和扣减的返还预付款金额，以及截至当期期末累计返还预付款金额；

（7）当期根据第17.4.1项约定应扣减的质量保证金金额，以及截至当期期末累计扣减的质量保证金金额；

（8）当期根据合同应增加和扣减的其他金额，以及截至当期期末累计增加和扣减的金额。

17.3.4　进度付款证书和支付时间

（1）监理人在收到承包人进度付款申请单以及相应的支持性证明文件后的 14 天内完成审核，提出发包人到期应支付给承包人的金额以及相应的支持性材料，经发包人审批同意后，由监理人向承包人出具经发包人签认的进度付款证书。监理人未能在前述时间完成审核的，视为监理人同意承包人进度付款申请。监理人有权核减承包人未能按照合同要求履行任何工作或义务的相应金额。

（2）发包人最迟应在监理人收到进度付款申请单后的 28 天内，将进度应付款支付给承包人。发包人未能在前述时间内完成审批或不予答复的，视为发包人同意进度付款申请。发包人不按期支付的，按专用合同条款的约定支付逾期付款违约金。

（3）监理人出具进度付款证书，不应视为监理人已同意、批准或接受了承包人完成的该部分工作。

（4）进度付款涉及政府投资资金的，按照国库集中支付等国家相关规定和专用合同条款的约定执行。

17.3.5　工程进度付款的修正

在对以往历次已签发的进度付款证书进行汇总和复核中发现错、漏或重复的，监理人有权予以修正，承包人也有权提出修正申请。经监理人、承包人复核同意的修正，应在本次进度付款中支付或扣除。

17.4　质量保证金

17.4.1　监理人应从发包人的每笔进度付款中，按专用合同条款的约定扣留质量保证金，直至扣留的质量保证金总额达到专用合同条款约定的金额或比例为止。质量保证金的计算额度不包括预付款的支付、扣回以及价格调整的金额。

17.4.2　在第 1.1.4.5 目约定的缺陷责任期满时，承包人向发包人申请到期应返还承包人剩余的质量保证金，发包人应在 14 天内会同承包人按照合同约定的内容核实承包人是否完成缺陷责任。如无异议，发包人应当在核实后将剩余质量保证金返还承包人。

17.4.3　在第 1.1.4.5 目约定的缺陷责任期满时，承包人没有完成缺陷责任的，发包人有权扣留与未履行责任剩余工作所需金额相应的质量保证金余额，并有权根据第 19.3 款约定要求延长缺陷责任期，直至完成剩余工作为止。

17.5　竣工结算

17.5.1　竣工付款申请单

（1）工程接收证书颁发后，承包人应按专用合同条款约定的份数和期限向监理人提交竣工付款申请单，并提供相关证明材料。除专用合同条款另有约定外，竣工付款申请单应包括下列内容：竣工结算合同总价、发包人已支付承包人的工程价款、应扣留的质量保证金、应支付的竣工付款金额。

（2）监理人对竣工付款申请单有异议的，有权要求承包人进行修正和提供补充资料。经监理人和承包人协商后，由承包人向监理人提交修正后的竣工付款申请单。

17.5.2　竣工付款证书及支付时间

（1）监理人在收到承包人提交的竣工付款申请单后的14天内完成核查，提出发包人到期应支付给承包人的价款送发包人审核并抄送承包人。发包人应在收到后14天内审核完毕，由监理人向承包人出具经发包人签认的竣工付款证书。监理人未在约定时间内核查，又未提出具体意见的，视为承包人提交的竣工付款申请单已经监理人核查同意；发包人未在约定时间内审核又未提出具体意见的，监理人提出发包人到期应支付给承包人的价款视为已经发包人同意。

（2）发包人应在监理人出具竣工付款证书后的14天内，将应支付款支付给承包人。发包人不按期支付的，按第17.3.4（2）目的约定，将逾期付款违约金支付给承包人。

（3）承包人对发包人签认的竣工付款证书有异议的，发包人可出具竣工付款申请单中承包人已同意部分的临时付款证书。存在争议的部分，按第24条的约定执行。

（4）竣工付款涉及政府投资资金的，按第17.3.4（4）目的约定执行。

17.6　最终结清

17.6.1　最终结清申请单

（1）缺陷责任期终止证书签发后，承包人可按专用合同条款约定的份数和期限向监理人提交最终结清申请单，并提供相关证明材料。

（2）发包人对最终结清申请单内容有异议的，有权要求承包人进行修正和提供补充资料，由承包人向监理人提交修正后的最终结清申请单。

17.6.2　最终结清证书和支付时间

（1）监理人收到承包人提交的最终结清申请单后的14天内，提出发包人应支付给承包人的价款送发包人审核并抄送承包人。发包人应在收到后14天内审核完毕，由监理人向承包人出具经发包人签认的最终结清证书。监理人未在约定时间内核查，又未提出具体意见的，视为承包人提交的最终结清申请已经监理人核查同意；发包人未在约定时间内审核又未提出具体意见的，监理人提出应支付给承包人的价款视为已经发包人同意。

（2）发包人应在监理人出具最终结清证书后的14天内，将应支付款支付给承包人。

发包人不按期支付的，按第17.3.4（2）目的约定，将逾期付款违约金支付给承包人。

（3）承包人对发包人签认的最终结清证书有异议的，按第24条的约定执行。

（4）最终结清付款涉及政府投资资金的，按第17.3.4（4）目的约定执行。

18. 竣工试验和竣工验收

18.1　竣工试验

18.1.1　承包人按照第5.5款和第5.6款提交文件后，进行竣工试验。

18.1.2　承包人应提前21天将可以开始进行竣工试验的日期通知监理人，监理人应在该日期后14天内，确定竣工试验具体时间。除专用合同条款中另有约定外，竣工试验应按下述顺序进行：

（1）第一阶段，承包人进行适当的检查和功能性试验，保证每一项工程设备都满足合同要求，并能安全地进入下一阶段试验；

（2）第二阶段，承包人进行试验，保证工程或区段工程满足合同要求，在所有可利用的操作条件下安全运行；

（3）第三阶段，当工程能安全运行时，承包人应通知监理人，可以进行其他竣工试验，包括各种性能测试，以证明工程符合发包人要求中列明的性能保证指标。

18.1.3　承包人应按合同约定进行工程及工程设备试运行。试运行所需人员、设备、材料、燃料、电力、消耗品、工具等必要的条件以及试运行费用等由专用合同条款规定。

18.1.4　某项竣工试验未能通过的，承包人应按照监理人的指示限期改正，并承担合同约定的相应责任。

18.2　竣工验收申请报告

当工程具备以下条件时，承包人即可向监理人报送竣工验收申请报告：

（1）除监理人同意列入缺陷责任期内完成的尾工（甩项）工程和缺陷修补工作外，合同范围内的全部区段工程以及有关工作，包括合同要求的试验和竣工试验均已完成，并符合合同要求；

（2）已按合同约定的内容和份数备齐了符合要求的竣工文件；

（3）已按监理人的要求编制了在缺陷责任期内完成的尾工（甩项）工程和缺陷修补工作清单以及相应施工计划；

（4）监理人要求在竣工验收前应完成的其他工作；

（5）监理人要求提交的竣工验收资料清单。

18.3　竣工验收

监理人收到承包人按第18.2款约定提交的竣工验收申请报告后，应审查申请报告的各项内容，并按以下不同情况进行处理。

18.3.1　监理人审查后认为尚不具备竣工验收条件的，应在收到竣工验收申请报告后的28天内通知承包人，指出在颁发接收证书前承包人还需进行的工作内容。承包人完成监理人通知的全部工作内容后，应再次提交竣工验收申请报告，直至监理人同意为止。监理人收到竣工验收申请报告后28天内不予答复的，视为同意承包人的竣工验收申请，并应在收到该竣工验收申请报告后28天内提请发包人进行竣工验收。

18.3.2　监理人同意承包人提交的竣工验收申请报告的，应在收到该竣工验收申请报告后的28天内提请发包人进行工程验收。

18.3.3　发包人经过验收后同意接受工程的，应在监理人收到竣工验收申请报告后的56天内，由监理人向承包人出具经发包人签认的工程接收证书。发包人验收后同意接收工程但提出整修和完善要求的，限期修好，并缓发工程接收证书。整修和完善工作完成后，监理人复查达到要求的，经发包人同意后，再向承包人出具工程接收证书。

18.3.4　发包人验收后不同意接收工程的，监理人应按照发包人的验收意见发出指示，要求承包人对不合格工程认真返工重作或进行补救处理，并承担由此产生的费用。承包人在完成不合格工程的返工重作或补救工作后，应重新提交竣工验收申请报告，按第18.3.1项、第18.3.2项和第18.3.3项的约定进行。

18.3.5　除专用合同条款另有约定外，经验收合格工程的实际竣工日期，以提交竣工验收申请报告的日期为准，并在工程接收证书中写明。

18.3.6　发包人在收到承包人竣工验收申请报告56天后未进行验收的，视为验收合格，实际竣工日期以提交竣工验收申请报告的日期为准，但发包人由于不可抗力不能进行验收的除外。

18.4　国家验收

需要进行国家验收的，竣工验收是国家验收的一部分。竣工验收所采用的各项验收和评定标准应符合国家验收标准。发包人和承包人为竣工验收提供的各项竣工验收资料应符合国家验收的要求。

18.5　区段工程验收

18.5.1　发包人根据合同进度计划安排，在全部工程竣工前需要使用已经竣工的区段工程时，或承包人提出经发包人同意时，可进行区段工程验收。验收的程序可参照第18.2款与第18.3款的约定进行。验收合格后，由监理人向承包人出具经发包人签认的区段工程验收证书。已签发区段工程接收证书的区段工程由发包人负责照管。区段工程的验收成果和结论作为全部工程竣工验收申请报告的附件。

18.5.2　发包人在全部工程竣工前，使用已接收的区段工程导致承包人费用增加的，发包人应承担由此增加的费用和（或）工期延误，并支付承包人合理利润。

18.6　施工期运行

18.6.1　施工期运行是指合同工程尚未全部竣工，其中某项或某几项区段工程或工程设备安装已竣工，根据专用合同条款约定，需要投入施工期运行的，经发包人按第18.5款的约定验收合格，证明能确保安全后，才能在施工期投入运行。

18.6.2　在施工期运行中发现工程或工程设备损坏或存在缺陷的，由承包人按第19.2款约定进行修复。

18.7　竣工清场

18.7.1　除合同另有约定外，工程接收证书颁发后，承包人应按以下要求对施工场地进行清理，直至监理人检验合格为止。竣工清场费用由承包人承担。

（1）施工场地内残留的垃圾已全部清除出场；

（2）临时工程已拆除，场地已按合同要求进行清理、平整或复原；

（3）按合同约定应撤离的承包人设备和剩余的材料，包括废弃的施工设备和材料，已按计划撤离施工场地；

（4）工程建筑物周边及其附近道路、河道的施工堆积物，已按监理人指示全部清理；

（5）监理人指示的其他场地清理工作已全部完成。

18.7.2 承包人未按监理人的要求恢复临时占地，或者场地清理未达到合同约定的，发包人有权委托其他人恢复或清理，所发生的金额从拟支付给承包人的款项中扣除。

18.8 施工队伍的撤离

工程接收证书颁发后的56天内，除了经监理人同意需在缺陷责任期内继续工作和使用的人员、施工设备和临时工程外，其余的人员、施工设备和临时工程均应撤离施工场地或拆除。除合同另有约定外，缺陷责任期满时，承包人的人员和施工设备应全部撤离施工场地。

18.9 竣工后试验（A）

除专用合同条款另有约定外，发包人应：

（1）为竣工后试验提供必要的电力、设备、燃料、仪器、劳力、材料，以及具有适当资质和经验的工作人员；

（2）根据承包商按照第5.6款提供的手册，以及承包人给予的指导进行竣工后试验。

发包人应提前21天将竣工后试验的日期通知承包人。如果承包人未能在该日期出席竣工后试验，发包人可自行进行，承包人应对检验数据予以认可。

因承包人原因造成某项竣工后试验未能通过的，承包人应按照合同的约定进行赔偿，或者承包人提出修复建议，按照发包人指示的合理期限内改正，并承担合同约定的相应责任。

18.9 竣工后试验（B）

除专用合同条款另有约定外：

（1）发包人为竣工后试验提供必要的电力、材料、燃料、发包人人员和工程设备；

（2）承包人应提供竣工后试验所需要的所有其他设备、仪器，以及有资格和经验的工作人员；

（3）承包人应在发包人在场的情况下，进行竣工后试验。发包人应提前21天将竣工后试验的日期通知承包人。因承包人原因造成某项竣工后试验未能通过的，承包人应按照合同的约定进行赔偿，或者承包人提出修复建议，按照发包人指示的合理期限内改正，并承担合同约定的相应责任。

19. 缺陷责任与保修责任

19.1 缺陷责任期的起算时间

缺陷责任期自实际竣工日期起计算。在全部工程竣工验收前，已经发包人提前验收的区段工程或进入施工期运行的工程，其缺陷责任期的起算日期相应提前到相应工程竣工日。

19.2 缺陷责任

19.2.1 承包人应在缺陷责任期内对已交付使用的工程承担缺陷责任。

19.2.2 缺陷责任期内，发包人对已接收使用的工程负责日常维护工作。发包人在使用过程中，发现已接收的工程存在新的缺陷或已修复的缺陷部位或部件又遭损坏的，承包人应负责修复，直至检验合格为止。

19.2.3 监理人和承包人应共同查清缺陷和（或）损坏的原因。经查明属承包人原因造成的，应由承包人承担修复和查验的费用。经查验属发包人原因造成的，发包人应承担修复和查验的费用，并支付承包人合理利润。

19.2.4 承包人不能在合理时间内修复缺陷的，发包人可自行修复或委托其他人修复，所需费用和利润的承担，按第19.2.3项约定执行。

19.3 缺陷责任期的延长

由于承包人原因造成某项缺陷或损坏使某项工程或工程设备不能按原定目标使用而需要再次检查、检验和修复的，发包人有权要求承包人相应延长缺陷责任期，但缺陷责任期最长不超过2年。

19.4 进一步试验和试运行

任何一项缺陷或损坏修复后，经检查证明其影响了工程或工程设备的使用性能，承包人应重新进行合同约定的试验和试运行，试验和试运行的全部费用应由责任方承担。

19.5 承包人的进入权

缺陷责任期内承包人为缺陷修复工作需要，有权进入工程现场，但应遵守发包人的保安和保密规定。

19.6 缺陷责任期终止证书

在第1.1.4.5目约定的缺陷责任期，包括根据第19.3款延长的期限终止后14天内，由监理人向承包人出具经发包人签认的缺陷责任期终止证书，并退还剩余的质量保证金。

19.7 保修责任

合同当事人根据有关法律规定，在专用合同条款中约定工程质量保修范围、期限和责任。保修期自实际竣工日期起计算。在全部工程竣工验收前，已经发包人提前验收的区段工程，其保修期的起算日期相应提前。

20. 保险

20.1 设计和工程保险

20.1.1 承包人按照专用合同条款的约定向双方同意的保险人投保建设工程设计责任险、建筑工程一切险或安装工程一切险等保险。具体的投保险种、保险范围、保险金额、保险费率、保险期限等有关内容应当在专用合同条款中明确约定。

20.1.2 在缺陷责任期终止证书颁发前，承包人应按照专用合同条款的约定投保第三者责任险。

20.2 工伤保险

20.2.1 承包人员工伤保险

承包人应依照有关法律规定，为其履行合同所雇佣的全部人员投保工伤保险，缴纳工伤保险费，并要求其分包人也投保此项保险。

20.2.2 发包人员工伤保险

发包人应依照有关法律规定，为其现场机构雇佣的全部人员投保工伤保险，缴纳工伤保险费，并要求其监理人也进行此项保险。

20.3 人身意外伤害险

20.3.1 发包人应在整个施工期间为其现场机构雇用的全部人员，投保人身意外伤害险，缴纳保险费，并要求其监理人也进行此项保险。

20.3.2 承包人应在整个施工期间为其现场机构雇用的全部人员，投保人身意外伤害险，缴纳保险费，并要求其分包人也进行此项保险。

20.4 其他保险

除专用合同条款另有约定外，承包人应为其施工设备、进场的材料和工程设备等办理保险。

20.5 对各项保险的一般要求

20.5.1 保险凭证

承包人应在专用合同条款约定的期限内向发包人提交各项保险生效的证据和保险单副本，保险单必须与专用合同条款约定的条件保持一致。

20.5.2 保险合同条款的变动

承包人需要变动保险合同条款时，应事先征得发包人同意，并通知监理人。保险人作出变动的，承包人应在收到保险人通知后立即通知发包人和监理人。

20.5.3 持续保险

承包人应与保险人保持联系，使保险人能够随时了解工程实施中的变动，并确保按保险合同条款要求持续保险。

20.5.4 保险金不足的补偿

保险金不足以补偿损失的，应由承包人和（或）发包人按合同约定负责补偿。

20.5.5 未按约定投保的补救

（1）由于负有投保义务的一方当事人未按合同约定办理保险，或未能使保险持续有效的，另一方当事人可代为办理，所需费用由对方当事人承担。

（2）由于负有投保义务的一方当事人未按合同约定办理某项保险，导致受益人未能得到保险人的赔偿，原应从该项保险得到的保险金应由负有投保义务的一方当事人支付。

20.5.6 报告义务

当保险事故发生时，投保人应按照保险单规定的条件和期限及时向保险人报告。

21. 不可抗力

21.1 不可抗力的确认

21.1.1 不可抗力是指承包人和发包人在订立合同时不可预见，在履行合同过程中不可避免发生并不能克服的自然灾害和社会性突发事件，如地震、海啸、瘟疫、水灾、骚乱、暴动、战争和专用合同条款约定的其他情形。

21.1.2 不可抗力发生后，发包人和承包人应及时认真统计所造成的损失，收集不可抗力造成损失的证据。合同双方对是否属于不可抗力或其损失的意见不一致的，由监理人按第3.5款商定或确定。发生争议时，按第24条的约定执行。

21.2 不可抗力的通知

21.2.1 合同一方当事人遇到不可抗力事件，使其履行合同义务受到阻碍时，应立即通知合同另一方当事人和监理人，书面说明不可抗力和受阻碍的详细情况，并提供必要的证明。

21.2.2 如不可抗力持续发生，合同一方当事人应及时向合同另一方当事人和监理人提交中间报告，说明不可抗力和履行合同受阻的情况，并于不可抗力事件结束后28天内提交最终报告及有关资料。

21.3 不可抗力后果及其处理

21.3.1 不可抗力造成损害的责任

除专用合同条款另有约定外，不可抗力导致的人员伤亡、财产损失、费用增加和（或）工期延误等后果，由合同双方按以下原则承担：

（1）永久工程，包括已运至施工场地的材料和工程设备的损害，以及因工程损害造成的第三者人员伤亡和财产损失由发包人承担；

（2）承包人设备的损坏由承包人承担；

（3）发包人和承包人各自承担其人员伤亡和其他财产损失及其相关费用；

（4）承包人的停工损失由承包人承担，但停工期间应监理人要求照管工程和清理、修复工程的金额由发包人承担；

（5）不能按期竣工的，应合理延长工期，承包人不需支付逾期竣工违约金。发包人要求赶工的，承包人应采取赶工措施，赶工费用由发包人承担。

21.3.2　延迟履行期间发生的不可抗力

合同一方当事人延迟履行，在延迟履行期间发生不可抗力的，不免除其责任。

21.3.3　避免和减少不可抗力损失

不可抗力发生后，发包人和承包人均应采取措施尽量避免和减少损失的扩大，任何一方没有采取有效措施导致损失扩大的，应对扩大的损失承担责任。

21.3.4　因不可抗力解除合同

合同一方当事人因不可抗力不能履行合同的，应当及时通知对方解除合同。合同解除后，承包人应按照第22.2.4项约定撤离施工场地。已经订货的材料、设备由订货方负责退货或解除订货合同，不能退还的货款和因退货、解除订货合同发生的费用，由发包人承担，因未及时退货造成的损失由责任方承担。合同解除后的付款，参照第22.2.3项约定，由监理人按第3.5款商定或确定。

22. 违约

22.1　承包人违约

22.1.1　承包人违约的情形

在履行合同过程中发生的下列情况之一的，属承包人违约：

（1）承包人的设计、承包人文件、实施和竣工的工程不符合法律以及合同约定；

（2）承包人违反第1.8款或第4.3款的约定，私自将合同的全部或部分权利转让给其他人，或私自将合同的全部或部分义务转移给其他人；

（3）承包人违反第6.3款或第7.4款的约定，未经监理人批准，私自将已按合同约定进入施工场地的施工设备、临时设施或材料撤离施工场地；

（4）承包人违反第6.5款的约定使用了不合格材料或工程设备，工程质量达不到标准要求，又拒绝清除不合格工程；

（5）承包人未能按合同进度计划及时完成合同约定的工作，造成工期延误；

（6）由于承包人原因未能通过竣工试验或竣工后试验；

（7）承包人在缺陷责任期内，未能对工程接收证书所列的缺陷清单的内容或缺陷责任期内发生的缺陷进行修复，而又拒绝按监理人指示再进行修补；

（8）承包人无法继续履行或明确表示不履行或实质上已停止履行合同；

（9）承包人不按合同约定履行义务的其他情况。

22.1.2　对承包人违约的处理

（1）承包人发生第22.1.1（6）目约定的违约情况时，按照发包人要求中的未能通过竣工/竣工后试验的损害进行赔偿。发生延期的，承包人应承担延期责任。

（2）承包人发生第22.1.1（8）目约定的违约情况时，发包人可通知承包人立即解除合同，并按第22.1.3项、第22.1.4项、第22.1.5项约定处理。

（3）承包人发生除第22.1.1（6）目和第22.1.1（8）目约定以外的其他违约情况时，监理人可向承包人发出整改通知，要求其在指定的期限内纠正。除合同条款另有约定外，承包人应承担其违约所引起的费用增加和（或）工期延误。

22.1.3　因承包人违约解除合同

监理人发出整改通知28天后，承包人仍不纠正违约行为的，发包人有权解除合同并向承包人发出解除合同通知。承包人收到发包人解除合同通知后14天内，承包人应撤离现场，发包人派员进驻施工场地完成现场交接手续，发包人有权另行组织人员或委托其他承包人。发包人因继续完成该工程的需要，有权扣留使用承包人在现场的材料、设备和临时设施。但发包人的这一行动不免除承包人应承担的违约责任，也不影响发包人根据合同约定享有的索赔权利。

22.1.4　发包人发出合同解除通知后的估价、付款和结清

（1）承包人收到发包人解除合同通知后28天内，监理人按第3.5款商定或确定承包人实际完成工作的价值，包括发包人扣留承包人的材料、设备及临时设施和承包人已提供的设计、材料、施工设备、工程设备、临时工程等的价值。

（2）发包人发出解除合同通知后，发包人有权暂停对承包人的一切付款，查清各项付款和已扣款金额，包括承包人应支付的违约金。

（3）发包人发出解除合同通知后，发包人有权按第23.4款的约定向承包人索赔由于解除合同给发包人造成的损失。

（4）合同双方确认合同价款后，发包人颁发最终结清付款证书，并结清全部合同款项。

（5）发包人和承包人未能就解除合同后的结清达成一致而形成争议的，按第24条的约定执行。

22.1.5　协议利益的转让

因承包人违约解除合同的，发包人有权要求承包人将其为实施合同而签订的材料和设备的订货协议或任何服务协议利益转让给发包人，并在承包人收到解除合同通知后的14天内，依法办理转让手续。发包人有权使用承包人文件和由承包人或以其名义编制的其他设计文件。

22.1.6 紧急情况下无能力或不愿进行抢救

在工程实施期间或缺陷责任期内发生危及工程安全的事件，监理人通知承包人进行抢救，承包人声明无能力或不愿立即执行的，发包人有权雇佣其他人员进行抢救。此类抢救按合同约定属于承包人义务的，由此发生的金额和（或）工期延误由承包人承担。

22.2 发包人违约

22.2.1 发包人违约的情形

在履行合同过程中发生下列情形之一的，属发包人违约：

（1）发包人未能按合同约定支付价款，或拖延、拒绝批准付款申请和支付凭证，导致付款延误；

（2）发包人原因造成停工；

（3）监理人无正当理由没有在约定期限内发出复工指示，导致承包人无法复工；

（4）发包人无法继续履行或明确表示不履行或实质上已停止履行合同；

（5）发包人不履行合同约定其他义务。

22.2.2 因发包人违约解除合同

（1）发生第22.2.1（4）目的违约情况时，承包人可书面通知发包人解除合同。

（2）承包人按12.2.1项约定暂停施工28天后，发包人仍不纠正违约行为的，承包人可向发包人发出解除合同通知。但承包人的这一行为不免除发包人承担的违约责任，也不影响承包人根据合同约定享有的索赔权利。

22.2.3 解除合同后的付款

因发包人违约解除合同的，发包人应在解除合同后28天内向承包人支付下列款项，承包人应在此期限内及时向发包人提交要求支付下列金额的有关资料和凭证：

（1）承包人发出解除合同通知前所完成工作的价款；

（2）承包人为该工程施工订购并已付款的材料、工程设备和其他物品的金额。发包人付款后，该材料、工程设备和其他物品归发包人所有；

（3）承包人为完成工程所发生的，而发包人未支付的金额；

（4）承包人撤离施工场地以及遣散承包人人员的金额；

（5）因解除合同造成的承包人损失；

（6）按合同约定在承包人发出解除合同通知前应支付给承包人的其他金额。

发包人应按本项约定支付上述金额并退还质量保证金和履约担保，但有权要求承包人支付应偿还给发包人的各项金额。

22.2.4 解除合同后的承包人撤离

因发包人违约而解除合同后，承包人应妥善处理正在施工的工程和已购材料、设备的保护和移交工作，并按发包人的要求将承包人设备和人员撤出施工场地。承包人撤出施工场地应遵守第 18.7.1 项的约定，发包人应为承包人撤出提供必要条件并办理移交手续。

22.3 第三人造成的违约

在履行合同过程中，一方当事人因第三人的原因造成违约的，应当向对方当事人承担违约责任。一方当事人和第三人之间的纠纷，依照法律规定或者按照约定解决。

23. 索赔

23.1 承包人索赔的提出

根据合同约定，承包人认为有权得到追加付款和（或）延长工期的，应按以下程序向发包人提出索赔：

（1）承包人应在知道或应当知道索赔事件发生后 28 天内，向监理人递交索赔意向通知书，并说明发生索赔事件的事由。承包人未在前述 28 天内发出索赔意向通知书的，工期不予顺延，且承包人无权获得追加付款；

（2）承包人应在发出索赔意向通知书后 28 天内，向监理人正式递交索赔通知书。索赔通知书应详细说明索赔理由以及要求追加的付款金额和（或）延长的工期，并附必要的记录和证明材料；

（3）索赔事件具有连续影响的，承包人应按合理时间间隔继续递交延续索赔通知，说明连续影响的实际情况和记录，列出累计的追加付款金额和（或）工期延长天数；

（4）在索赔事件影响结束后的 28 天内，承包人应向监理人递交最终索赔通知书，说明最终要求索赔的追加付款金额和延长的工期，并附必要的记录和证明材料。

23.2 承包人索赔处理程序

（1）监理人收到承包人提交的索赔通知书后，应及时审查索赔通知书的内容、查验承包人的记录和证明材料，必要时监理人可要求承包人提交全部原始记录副本。

（2）监理人应按第 3.5 款商定或确定追加的付款和（或）延长的工期，并在收到上述索赔通知书或有关索赔的进一步证明材料后的 42 天内，将索赔处理结果答复承包人。监理人应当在收到索赔通知书或有关索赔的进一步证明材料后的 42 天内不予答复的，视为认可索赔。

（3）承包人接受索赔处理结果的，发包人应在作出索赔处理结果答复后 28 天内完成赔付。承包人不接受索赔处理结果的，按第 24 条的约定执行。

23.3 承包人提出索赔的期限

23.3.1 承包人按第 17.5 款的约定接受了竣工付款证书后，应被认为已无权再提出在合同工程接收证书颁发前所发生的任何索赔。

23.3.2 承包人按第 17.6 款的约定提交的最终结清申请单中，只限于提出工程接收证书颁发后发生的索赔。提出索赔的期限自接受最终结清证书时终止。

23.4 发包人的索赔

23.4.1 发包人应在知道或应当知道索赔事件发生后28天内，向承包人发出索赔通知，并说明发包人有权扣减的付款和（或）延长缺陷责任期的细节和依据。发包人未在前述28天内发出索赔通知的，丧失要求扣减付款和（或）延长缺陷责任期的权利。发包人提出索赔的期限和要求与第23.3款的约定相同，要求延长缺陷责任期的通知应在缺陷责任期届满前发出。

23.4.2 发包人按第3.5款商定或确定发包人从承包人处得到赔付的金额和（或）缺陷责任期的延长期。承包人应付给发包人的金额可从拟支付给承包人的合同价款中扣除，或由承包人以其他方式支付给发包人。

24. 争议的解决

24.1 争议的解决方式

发包人和承包人在履行合同中发生争议的，可以友好协商解决或者提请争议评审组评审。合同当事人友好协商解决不成、不愿提请争议评审或者不接受争议评审组意见的，可在专用合同条款中约定下列一种方式解决：

（1）向约定的仲裁委员会申请仲裁；

（2）向有管辖权的人民法院提起诉讼。

24.2 友好解决

在提请争议评审、仲裁或者诉讼前，以及在争议评审、仲裁或诉讼过程中，发包人和承包人均可共同努力友好协商解决争议。

24.3 争议评审

24.3.1 采用争议评审的，发包人和承包人应在开工日后的28天内或在争议发生后，协商成立争议评审组。争议评审组由有合同管理和工程实践经验的专家组成。

24.3.2 合同双方的争议，应首先由申请人向争议评审组提交一份详细的评审申请报告，并附必要的文件、图纸和证明材料，申请人还应将上述报告的副本同时提交给被申请人和监理人。

24.3.3 被申请人在收到申请人评审申请报告副本后的28天内，向争议评审组提交一份答辩报告，并附证明材料。被申请人应将答辩报告的副本同时提交给申请人和监理人。

24.3.4 除专用合同条款另有约定外，争议评审组在收到合同双方报告后的14天内，邀请双方代表和有关人员举行调查会，向双方调查争议细节；必要时争议评审组可要求双方进一步提供补充材料。

24.3.5 除专用合同条款另有约定外，在调查会结束后的14天内，争议评审组应在不受任何干扰的情况下进行独立、公正的评审，作出书面评审意见，并说明理由。在争议评审期间，争议双方暂按总监理工程师的确定执行。

24.3.6 发包人和承包人接受评审意见的，由监理人根据评审意见拟定执行协议，经争议双方签字后作为合同的补充文件，并遵照执行。

24.3.7 发包人或承包人不接受评审意见，并要求提交仲裁或提起诉讼的，应在收到评审意见后的14天内将仲裁或起诉意向书面通知另一方，并抄送监理人，但在仲裁或诉讼结束前应暂按总监理工程师的确定执行。

第二节　专用合同条款

第三节　合同附件格式

附件一：合同协议书

合同协议书

_______（发包人名称，以下简称“发包人”）为实施__________________（项目名称），已接受__________________（承包人名称，以下简称“承包人”）对该项目设计施工总承包投标。发包人和承包人共同达成如下协议。

1. 本协议书与下列文件一起构成合同文件：

（1）中标通知书；

（2）投标函及投标函附录；

（3）专用合同条款；

（4）通用合同条款；

（5）发包人要求；

（6）价格清单；

（7）承包人建议；

（8）其他合同文件。

2. 上述文件互相补充和解释，如有不明确或不一致之处，以合同约定次序在先者为准。

3. 签约合同价：人民币（大写）_________（￥________）。

4. 承包人项目经理：___________；设计负责人：___________；施工负责人：_________。

5. 工程质量符合的标准和要求：____________________。

6. 承包人承诺按合同约定承担工程的设计、实施、竣工及缺陷修复。

7. 发包人承诺按合同约定的条件、时间和方式向承包人支付合同价款。

8. 承包人计划开始工作时间：________________________________，实际开始工作时间按照监理人开始工作通知中载明的开始工作时间为准。工期为____天。

9. 本协议书一式____份，合同双方各执一份。

10. 合同未尽事宜，双方另行签订补充协议。补充协议是合同的组成部分。

发包人：__________________（盖单位章）　承包人：___________________（盖单位章）

法定代表人或其委托代理人：____（签字）　法定代表人或其委托代理人：_____（签字）

_____年_____月_____日　　_____年_____月_____日

附件二：履约担保格式

履 约 担 保

___________（发包人名称）：

鉴于______________（发包人名称，以下简称“发包人”）接受______（承包人名称，以下称“承包人”）于___年___月___日参加_______（项目名称）的投标。我方愿意就承包人履行与你方订立的合同，向你方提供担保。

1. 担保金额人民币（大写）______________（¥___________）。

2. 担保有效期自发包人与承包人签订的合同生效之日起至发包人签发工程接收证书之日止。

2. 担保有效期自发包人与承包人签订的合同生效之日起至承包人通过竣工后试验之日止。

3. 在本担保有效期内，因承包人违反合同约定的义务给你方造成经济损失时，我方在收到你方以书面形式提出的在担保金额内的赔偿要求后，在7天内支付。

4. 发包人和承包人按《通用合同条款》第15条变更合同时，我方承担本担保规定的义务不变。

担 保 人：______________________（盖单位章）

法定代表人或其委托代理人：___________（签字）

地　　址：________________________________

邮政编码：________________________________

电　　话：________________________________

传　　真：________________________________

_____年_____月_____日

附件三：预付款担保格式

预付款担保

__________（发包人名称）：

根据_______（承包人名称）（以下简称“承包人”）与______________（发包人名称）（以下简称“发包人”）于____年____月____日签订的_______（项目名称）设计施工总承包合同，承包人按约定的金额向发包人提交一份预付款担保，即有权得到发包人支付相等金额的预付款。我方愿意就你方提供给承包人的预付款提供担保。

1. 担保金额人民币（大写）______________（¥__________）。

2. 担保有效期自预付款支付给承包人起生效，至发包人签发的进度付款证书说明预付款已完全扣清止。

3. 在本保函有效期内，因承包人违反合同约定的义务而要求收回预付款时，我方在收到你方的书面通知后，在 7 天内支付。但本保函的担保金额，在任何时候不应超过预付款金额减去发包人按合同约定在向承包人签发的进度付款证书中扣除的金额。

4. 发包人和承包人按《通用合同条款》第 15 条变更合同时，我方承担本保函规定的义务不变。

担 保 人：______________________（盖单位章）

法定代表人或授权人：________________（签字）

地　　址：________________________________

邮政编码：________________________________

电　　话：________________________________

传　　真：________________________________

_____年_____月_____日

第　二　卷

第五章　发包人要求

发包人要求

发包人要求应尽可能清晰准确，对于可以进行定量评估的工作，发包人要求不仅应明确规定其产能、功能、用途、质量、环境、安全，并且要规定偏离的范围和计算方法，以及检验、试验、试运行的具体要求。对于承包人负责提供的有关设备和服务，对发包人人员进行培训和提供一些消耗品等，在发包人要求中应一并明确规定。

发包人要求通常包括但不限于以下内容：

一、功能要求

（一）工程的目的。

（二）工程规模。

（三）性能保证指标（性能保证表）。

（四）产能保证指标。

二、工程范围

（一）概述

（二）包括的工作

1. 永久工程的设计、采购、施工范围。

2. 临时工程的设计与施工范围。

3. 竣工验收工作范围。

4. 技术服务工作范围。

5. 培训工作范围。

6. 保修工作范围。

（三）工作界区

（四）发包人提供的现场条件

1. 施工用电。

2. 施工用水。

3. 施工排水。

（五）发包人提供的技术文件

除另有批准外，承包人的工作需要遵照发包人的下列技术文件：

1. 发包人需求任务书。

2. 发包人已完成的设计文件。

三、工艺安排或要求（如有）

四、时间要求

（一）开始工作时间。

（二）设计完成时间。

（三）进度计划。

（四）竣工时间。

（五）缺陷责任期。

（六）其他时间要求。

五、技术要求

（一）设计阶段和设计任务。

（二）设计标准和规范。

（三）技术标准和要求。

（四）质量标准。

（五）设计、施工和设备监造、试验（如有）。

（六）样品。

（七）发包人提供的其他条件，如发包人或其委托的第三人提供的设计、工艺包、用于试验检验的工器具等，以及据此对承包人提出的予以配套的要求。

六、竣工试验

（一）第一阶段，如对单车试验等的要求，包括试验前准备。

（二）第二阶段，如对联动试车、投料试车等的要求，包括人员、设备、材料、燃料、电力、消耗品、工具等必要条件。

（三）第三阶段，如对性能测试及其他竣工试验的要求，包括产能指标、产品质量标准、运营指标、环保指标等。

七、竣工验收

八、竣工后试验（如有）

九、文件要求

（一）设计文件，及其相关审批、核准、备案要求。

（二）沟通计划。

（三）风险管理计划。

（四）竣工文件和工程的其他记录。

（五）操作和维修手册。

（六）其他承包人文件。

十、工程项目管理规定

（一）质量。

（二）进度，包括里程碑进度计划（如有）。

（三）支付。

（四）HSE（健康、安全与环境管理体系）。

（五）沟通。

（六）变更。

十一、其他要求

（一）对承包人的主要人员资格要求。

（二）相关审批、核准和备案手续的办理。

（三）对项目业主人员的操作培训。

（四）分包。

（五）设备供应商。

（六）缺陷责任期的服务要求。

发包人要求附件清单

附件一：性能保证表

附件二：工作界区图

附件三：发包人需求任务书

附件四：发包人已完成的设计文件

附件五：承包人文件要求

附件六：承包人人员资格要求及审查规定

附件七：承包人设计文件审查规定

附件八：承包人采购审查与批准规定

附件九：材料、工程设备和工程试验规定

附件十：竣工试验规定

附件十一：竣工验收规定

附件十二：竣工后试验规定

附件十三：工程项目管理规定

第六章　发包人提供的资料

发包人提供的资料

一、项目概况

二、发包人提供的资料

1. 施工场地及毗邻区域内的供水、排水、供电、供气、供热、通信、广播电视等地下管线资料、气象和水文观测资料，相邻建筑物和构筑物、地下工程的有关资料，以及其他与建设工程有关的原始资料。

2. 定位放线的基准点、基准线和基准标高。

3. 发包人取得的有关审批、核准和备案材料，如规划许可证。

4. 其他资料。

第 三 卷

第七章　投标文件格式

__________（项目名称）设计施工总承包招标

投　标　文　件

投标人：______________________（盖单位章）

法定代表人或其委托代理人：____________（签字）

______年______月______日

目　　录

一、投标函及投标函附录

（一）投　标　函

______________________（招标人名称）：

1. 我方已仔细研究了_____________（项目名称）设计施工总承包招标文件的全部内容，愿意以人民币（大写）________（￥__________）的投标总报价，工期_________日历天，按合同约定进行设计、实施和竣工承包工程，修补工程中的任何缺陷，实现工程目的。

2. 我方承诺在招标文件规定的投标有效期内不修改、撤销投标文件。

3. 随同本投标函提交投标保证金一份，金额为人民币（大写）________（￥______）。

4. 如我方中标：

（1）我方承诺在收到中标通知书后，在中标通知书规定的期限内与你方签订合同。

（2）随同本投标函递交的投标函附录属于合同文件的组成部分。

（3）我方承诺按照招标文件规定向你方递交履约担保。

（4）我方承诺在合同约定的期限内完成并移交全部合同工程。

5. 我方在此声明，所递交的投标文件及有关资料内容完整、真实和准确，且不存在第二章“投标人须知”第1.4.3项和第1.4.4项规定的任何一种情形。

6. ____________________________________（其他补充说明）。

投　标　人：________________________（盖单位章）

法定代表人或其委托代理人：____________（签字）

地　　址：________________________________

邮政编码：________________________________

网　　址：________________________________

电　　话：________________________________

传　　真：________________________________

_____年_____月_____日

（二）投标函附录

序号	条款名称	合同条款号	约定内容	备注
1	项目经理	1.1.2.4	姓名：	
2	工期	1.1.4.3	天数：　　　日历天	
3	缺陷责任期	1.1.4.5	……	
4	分包	4.3.4	……	
5	价格调整的差额计算	16.1.1	见价格指数权重表	
……	……	……	……	
……	……	……	……	

价格指数权重表

名称		基本价格指数		权　重			价格指数来源
		代号	指数值	代号	允许范围	投标人建议值	
定值部分				A			
变值部分	人工费	F_{01}	……	B_1	____至____	……	……
	钢材	F_{02}	……	B_2	____至____	……	……
	水泥	F_{03}	……	B_3	____至____	……	……
	……	……	……	……	……	……	……
	……	……	……	……	……	……	……
	……	……	……	……	……	……	……
合　计						1.00	

二、法定代表人身份证明

投标人名称：______________________________

单位性质：________________________________

地址：____________________________________

成立时间：________年______月______日

经营期限：__________________________

姓名：_____________性别：_____________年龄：_____________职务：_____________

系______________________________（投标人名称）的法定代表人。

特此证明。

附：法定代表人身份证复印件。

投标人：_____________（盖单位章）

_____年_____月_____日

二、授权委托书

本人______（姓名）系________（投标人名称）的法定代表人，现委托________（姓名）为我方代理人。代理人根据授权，以我方名义签署、澄清、说明、补正、递交、撤回、修改_________（项目名称）设计施工总承包投标文件、签订合同和处理有关事宜，其法律后果由我方承担。

委托期限：___________。

代理人无转委托权。

附：法定代表人身份证明

投　标　人：____________________（盖单位章）

法定代表人：________________________（签字）

身份证号码：________________________________

委托代理人：________________________（签字）

身份证号码：_________________附身份证复印件

_____年_____月_____日

三、联合体协议书

__________（所有成员单位名称）自愿组成________（联合体名称）联合体，共同参加________________（项目名称）设计施工总承包投标。现就联合体投标事宜订立如下协议。

1. ______（某成员单位名称）为________（联合体名称）牵头人。

2. 联合体牵头人合法代表联合体各成员负责本招标项目投标文件编制和合同谈判活动，并代表联合体提交和接收相关的资料、信息及指示，并处理与之有关的一切事务，负责合同实施阶段的主办、组织和协调工作。

3. 联合体将严格按照招标文件的各项要求，递交投标文件，履行合同，并对外承担连带责任。

4. 联合体各成员单位内部的职责分工如下：________________。

5. 本协议书自签署之日起生效，合同履行完毕后自动失效。

6. 本协议书一式____份，联合体成员和招标人各执一份。

注：本协议书由委托代理人签字的，应附法定代表人签字的授权委托书。

牵头人名称：______________________________（盖单位章）

法定代表人或其委托代理人：___________________（签字）

成员一名称：______________________________（盖单位章）

法定代表人或其委托代理人：___________________（签字）

成员二名称：______________________________（盖单位章）

法定代表人或其委托代理人：___________________（签字）

……

_____年_____月_____日

四、投标保证金

__________（招标人名称）：

鉴于__________（投标人名称）（以下简称“投标人”）于______年______月______日参加______________（项目名称）的投标，__________（担保人名称，以下简称“我方”）保证：投标人在规定的投标有效期内撤销或修改其投标文件的，或者投标人在收到中标通知书后无正当理由拒签合同或拒交规定履约担保的，我方承担保证责任。收到你方书面通知后，在 7 日内向你方支付人民币（大写）________。

本保函在投标有效期内保持有效。要求我方承担保证责任的通知应在投标有效期内送达我方。

担保人名称：______________________（盖单位章）

法定代表人或授权人：__________________（签字）

地　　址：________________________________

邮政编码：________________________________

电　　话：________________________________

传　　真：________________________________

_____年_____月_____日

四、投标保证金

__________（招标人名称）：

我方于______年______月______日参加____________（项目名称）的投标，现保证：我方在规定的投标有效期内撤销或修改投标文件的，或者在收到中标通知书后无正当理由拒签合同或拒交规定履约担保的，投标保证金不予退还。

投标人名称：________________________（盖单位章）

法定代表人或授权人：____________________（签字）

地　　址：______________________________________

邮政编码：______________________________________

电　　话：______________________________________

_____年_____月_____日

五、价 格 清 单

（一）价格清单说明

1.1　价格清单列出的任何数量，不视为要求承包人实施的工程的实际或准确的工作量。在价格清单中列出的任何工作量和价格数据应仅限用于合同约定的变更和支付的参考资料，而不能用于其他目的。

1.2　本价格清单应与招标文件中投标人须知、专用合同条款、通用合同条款、发包人要求等一起阅读和理解。

1.3　设计费的说明：________________________________。（A）

1.3　勘察设计费的说明：____________________________。（B）

1.4　工程设备费的说明：____________________________。

1.5　必备的备品备件费的说明：______________________。

1.6　建筑安装工程费的说明：________________________。

1.7　技术服务费的说明：____________________________。

1.8　暂列金额的说明：______________________________。

1.9　暂估价的说明：由招标人列明并应包含在投标报价汇总表中。

1.10　其他费用的说明：____________________________。

（二）价 格 清 单

2.1　勘察设计费清单

单位：人民币元

序号	项目名称	工作内容	金　额（元）	备注
合计报价				

2.2　工程设备费清单

单位：人民币元

序号	设备名称	规格型号	数量	单价	合价
合计报价					

2.3 必备的备品备件费清单

单位：人民币元

序号	备品备件名称	规格型号	数量	单价	合价
合计报价					

2.4 建筑安装工程费清单

单位：人民币元

序号	项目名称	工作内容	单位	数量	单价	合价
合计报价						

2.5　技术服务费清单

单位：人民币元

序号	项目名称	工作内容	金　额	备注
合计报价				

2.6 暂估价清单

2.6.1 材料暂估价表

序号	名称	单位	数量	单价	合价	备注

2.6.2 工程设备暂估价表

序号	名称	单位	数量	单价	合价	备注

2.6.3 专业工程暂估价表

序号	专业工程名称	工 程 内 容	金额
小　　计：			

2.7　其他费用清单

单位：人民币元

序号	项 目 名 称	内容	金　额	备　注
合计报价				

2.8 投标报价汇总表

序号	项 目 名 称	金额（人民币元）	备　　注
投标报价			

六、承包人建议书

（一）图纸

（二）工程详细说明

（三）设备方案

1. 生产设备。

2. 必备的备品备件。

3. 备选的备品备件。

（四）分包方案

（五）对发包人要求错误的说明

（六）其他

说明：发包人认为承包人实施计划中的有关内容应列入承包人建议书的，应在本页载明。

七、承包人实施计划

（一）概述

1. 项目简要介绍。

2. 项目范围。

3. 项目特点。

（二）总体实施方案

1. 项目目标（质量、工期、造价）。

2. 项目实施组织形式。

3. 项目阶段划分。

4. 项目工作分解结构。

5. 对项目各阶段工作及文件的要求。

6. 项目分包和采购计划。

7. 项目沟通与协调程序。

（三）项目实施要点

1. 勘察设计实施要点。

2. 采购实施要点。

3. 施工实施要点。

4. 试运行实施要点。

（四）项目管理要点

1. 合同管理要点。

2. 资源管理要点。

3. 质量控制要点。

4. 进度控制要点。

5. 费用估算及控制要点。

6. 安全管理要点。

7. 职业健康管理要点。

8. 环境管理要点。

9. 沟通和协调管理要点。

10. 财务管理要点。

11. 风险管理要点。

12. 文件及信息管理要点。

13. 报告制度。

说明：发包人认为上述内容应列入承包人建议书的，应在“投标文件格式”中“承包人建议书”中载明。

八、资格审查资料

（一）投标人基本情况表

<table>
<tr><td>投标人名称</td><td colspan="10"></td></tr>
<tr><td>注册地址</td><td colspan="5"></td><td>邮政编码</td><td colspan="4"></td></tr>
<tr><td rowspan="2">联系方式</td><td>联系人</td><td colspan="4"></td><td>电话</td><td colspan="4"></td></tr>
<tr><td>传真</td><td colspan="4"></td><td>网址</td><td colspan="4"></td></tr>
<tr><td>组织结构</td><td colspan="10"></td></tr>
<tr><td>法定代表人</td><td>姓名</td><td></td><td colspan="2">技术职称</td><td colspan="3"></td><td colspan="2">电话</td><td></td></tr>
<tr><td>技术负责人</td><td>姓名</td><td></td><td colspan="2">技术职称</td><td colspan="3"></td><td colspan="2">电话</td><td></td></tr>
<tr><td>成立时间</td><td colspan="2"></td><td colspan="8">员工总人数：</td></tr>
<tr><td>企业资质等级</td><td colspan="2"></td><td rowspan="5">其中</td><td colspan="5">项目经理</td><td colspan="2"></td></tr>
<tr><td>营业执照号</td><td colspan="2"></td><td colspan="5">高级职称人员</td><td colspan="2"></td></tr>
<tr><td>注册资金</td><td colspan="2"></td><td colspan="5">中级职称人员</td><td colspan="2"></td></tr>
<tr><td>开户银行</td><td colspan="2"></td><td colspan="5">初级职称人员</td><td colspan="2"></td></tr>
<tr><td>账号</td><td colspan="2"></td><td colspan="5">技工</td><td colspan="2"></td></tr>
<tr><td>经营范围</td><td colspan="10"></td></tr>
<tr><td>备注</td><td colspan="10"></td></tr>
</table>

（二）近年财务状况表

（三）近年完成的类似项目情况表

项目名称	
项目所在地	
发包人名称	
发包人地址	
发包人电话	
合同价格	
开工日期	
竣工日期	
承担的工作	
工程质量	
项目经理	
技术负责人	
项目描述	
备注	

（四）正在实施的和新承接的项目情况表

项目名称	
项目所在地	
发包人名称	
发包人地址	
发包人电话	
签约合同价	
开工日期	
计划竣工日期	
承担的工作	
工程质量	
项目经理	
技术负责人	
项目描述	
备注	

（五）近年发生的重大诉讼及仲裁情况

（六）拟投入本项目的主要施工设备表

序号	设备名称	型号规格	数量	国别产地	制造年份	额定功率（kW）	生产能力	用于施工部位	备注

（七）拟配备本项目的试验和检测仪器设备表

序号	仪器设备名称	型号规格	数量	国别产地	制造年份	已使用台时数	用途	备注

（八）项目管理机构组成表

职务	姓名	职称	执业或职业资格证明					备注
			证书名称	级别	证号	专业	养老保险	

（九）主要人员简历表

“主要人员简历表”中的项目经理应附项目经理证、身份证、职称证、学历证、养老保险复印件，管理过的项目业绩须附合同协议书复印件；设计、施工、采购负责人应附身份证、职称证、学历证、养老保险复印件，以及设计、施工负责人的执业资格证书复印件，管理过的项目业绩须附证明其所任技术职务的企业文件或用户证明；其他主要人员应附职称证（执业证或上岗证书）、养老保险复印件。

姓名		年龄		学历	
职称		职务		拟在本合同任职	
毕业学校	年毕业于　　学校　　专业				
主要工作经历					

时　间	参加过的类似项目	担任职务	发包人及联系电话

九、其他资料

《标准文件》
编 制 人 员 名 单

《标准文件》编制领导小组组长：

杜　鹰

《标准文件》编制领导小组成员：

任　珑　张治峰　刘贤利　祝　军　张学文
吴慧娟　刘晓艳　李　华　成　平　李天碧
苏全利　孙继昌　孙献忠　于保安　覃章高

《标准文件》编制工作小组成员（以姓氏笔画为序）：

王松波　王　玮　王海臣　田家珍　孙永红
孙杰民　张作智　李传光　李茂年　李　峰
杨小华　杨屹东　沈美丽　陈大纪　陈　波
赵东晓　夏喜全　徐永田　徐致远　贾朝杰
高　天　戚　波　梁晓云　韩　新　谭　华

《标准文件》编制专家（以姓氏笔画为序）：

马春生　冯志祥　石国虎　刘洪波　毕江燕
何建新　张振江　杨　育　邱　闯　闵冬丽
周传琦　唐　涛　袁　静　黄　瑞　谭敬慧

《标准文件》咨询专家（以姓氏笔画为序）：

于彦博　孔凡富　王海青　王淑波　王淑雨
朱　勇　米　凯　张海枫　李　凤　李　震
汪　洋　陈纪伦　周显峰　岳小川　明　刚
赵　杭　赵珊珊　徐　超　解　菲